"十四五"时期国家重点出版物出版专项规划项目

先进制造理论研究与工程技术系列

机械设计基础
设计实践指导

（第2版）

闫 辉 于 东 主编

U0222722

哈尔滨工业大学出版社
HARBIN INSTITUTE OF TECHNOLOGY PRESS

内 容 简 介

"机械设计基础"是一门培养学生机械设计能力的技术基础课,旨在培养学生综合运用先修课程中所学的知识和技能,解决机械工程实际问题的能力;课程结合各种实践教学环节,进行机械工程技术人员所需的基本训练,为学生进一步学习相关专业课程和日后从事机械设计工作打下基础。因此,"机械设计基础"在近机械类专业和机械类专业的教学计划中占有重要地位和作用,是高等工科院校本科教学计划中的一门主干课程,其中完成大作业是实施创新性教育的主要环节。为了提高教学质量,加强对学生的设计指导,特编写了本指导书。全书共 8 章,包括绪论、平面连杆机构设计、盘形凸轮轮廓设计、齿轮传动设计、螺纹连接设计、螺旋起重器设计、轴系部件设计以及机械设计常用标准和其他设计资料。每章都给出有代表性的设计题目,每个题目均包括设计要求、设计参考资料和设计示例等内容。

本书主要供高等工科学校近机械类和机械类专业学生进行机械设计基础设计实践时使用,也可供其他院校相关专业师生参考。

图书在版编目(CIP)数据

机械设计基础设计实践指导/闫辉,于东主编.
2 版. --哈尔滨:哈尔滨工业大学出版社,2024.7
(先进制造理论研究与工程技术系列). --ISBN 978-7
-5767-1293-3

Ⅰ. TH122

中国国家版本馆 CIP 数据核字第 2024N9H008 号

策划编辑　王桂芝　黄菊英
责任编辑　张　荣
出版发行　哈尔滨工业大学出版社
社　　址　哈尔滨市南岗区复华四道街 10 号　邮编 150006
传　　真　0451-86414749
网　　址　http://hitpress.hit.edu.cn
印　　刷　辽宁新华印务有限公司
开　　本　787 mm×1 092 mm　1/16　印张 6.75　字数 131 千字
版　　次　2019 年 9 月第 1 版　2024 年 7 月第 2 版
　　　　　2024 年 7 月第 1 次印刷
书　　号　ISBN 978-7-5767-1293-3
定　　价　38.00 元

再版前言

本书自 2019 年出版以来,得到了"机械类"和"近机类"相关专业广大师生的欢迎和认可。本次修订依据教育部高等学校机械设计基础课程的教学基本要求,基于高等教育对高素质人才培养的需要和最新颁布的有关国家标准,结合编者近年来教学改革实践经验编写。内容紧扣教学要求,编排顺序与教材一致,本次修订其特点是:

(1)在选题上力求符合学生的认知规律,题目设计注意体现难易梯度,对巩固课堂知识、提高学生分析问题和解决问题的能力具有一定的作用。

(2)本书所用资料全部为国家和有关行业最新标准、资料,参考图例全部按新标准绘制和标注。

(3)修改了第 1 版中文字、图表等方面存在的错误和遗漏。

本书由哈尔滨工业大学闫辉、于东主编,姜洪源教授审阅。本书编写过程中,哈尔滨工业大学机械设计系的老师和兄弟院校同行提出了许多宝贵的意见和建议,编者对此表示诚挚的感谢!

同时,编者殷切希望读者对书中存在的疏漏和不妥的地方提出修改建议,使之不断完善。

编　者
2024 年 6 月

前　言

"机械设计基础"是一门培养学生机械设计能力的技术基础课,实践性很强,学生必须通过大量的设计实践才能深入理解教材中的设计理论,掌握机械设计规律。机械设计基础大作业是理论联系实际、培养同学们设计能力的一个重要环节。大作业把设计计算及结构设计密切地结合起来,通过完成大作业,同学们可以掌握简单机构、单个零件及简单部件的设计方法,熟悉国家标准、一般规范及设计手册、图册等资料的运用,培养运用已学过的理论知识分析解决设计问题的能力,为进一步学习和从事机械设计打下一定的基础。实践证明,完成大作业对学生理解"机械设计基础"课程知识和了解机械设计的内涵具有重要作用。

"机械设计基础"在近机械类专业和机械类专业的教学计划中占有重要地位和作用,是高等工科院校本科教学计划中的一门主干课程,其中完成大作业是实施创新性教育的主要环节。为了提高教学质量,加强对学生的设计指导,特编写了本指导书。《机械设计基础设计实践指导》是"机械设计基础"课程的配套教材,2003 年开始启用,经过 10 多年的总结修订,不断完善,现正式出版。

全书共 8 章,包括绪论、平面连杆机构设计、盘形凸轮轮廓设计、齿轮设计、螺纹连接设计、螺旋起重器设计、轴系部件设计以及机械设计常用标准和其他设计资料。每章都给出有代表性的设计题目,每个题目均包括设计要求、设计参考资料和设计示例等内容。书中给出的设计题目是结合"机械设计基础"课程的教学内容精心设计而成,教学过程中,教师可根据具体的教学时数和教学内容选做4~5 个题目。

本书由王瑜和闫辉主编,由姜洪源教授审阅。

限于编者水平,书中难免有疏漏和不当之处,恳请广大读者批评指正。

编　者
2019 年 5 月

目　　录

第1章 绪 论

1.1 机械设计基础设计实践的目的

"机械设计基础"是一门设计性质的课程,必须通过大量的设计实践才能深入理解教材中的设计理论,掌握机械设计规律。机械设计基础设计实践(简称大作业)是理论联系实际,培养学生们设计能力的一个重要环节。大作业把设计计算及结构设计密切地结合起来,通过完成大作业可使学生们掌握简单机构、单个零件及简单部件的设计方法,熟悉国家标准、一般规范以及设计手册、图册等资料的运用,为进一步学习和从事机械设计打下一定的基础。

1.2 机械设计基础设计实践的内容

机械设计基础设计实践包括:

(1)平面连杆机构设计;

(2)盘形凸轮轮廓设计;

(3)齿轮传动设计;

(4)螺纹连接设计;

(5)螺旋起重器设计;

(6)轴系部件设计。

本书共包括6个作业题目,教师可根据授课学时选择其中4~5个题目来进行设计指导。

1.3 设计图纸及设计计算说明书的要求

总的要求:计算正确,结构合理,图面符合制图规范,说明书内容完整,文字简练,书写工整。

1.3.1 设计图纸要求

(1)图纸幅面大小、视图比例、图样画法、图线、剖面符号及尺寸标注等均应符合国家机械制

1

图标准。

（2）图纸可用铅笔在图板上绘制，也可用计算机绘制。

（3）视图数目应尽量少，但必须清楚地表达出零件或部件的结构，必要时对较小的结构可以局部放大。

（4）图中字体不应潦草，中文字应写成仿宋体，外文及数字应按制图规范书写。

（5）标题栏及明细表的格式应符合规范。标题栏必须放在图纸的右下方，明细表一般应在标题栏之上，特殊情况下亦可放在标题栏的左侧。

（6）图纸上若无印制好的标题栏，需要自行绘制标题栏。零件图简化的标题栏格式如图 1.1 所示。装配图简化的标题栏及明细表格式如图 1.2 所示。

（7）装配图中，零件编号和明细表的说明如下。

① 零件的编号尽量按照一定的顺序来编写，标准件与非标准件可以分别编，亦可混编，规格与材料相同的零件用一个编号。

② 明细表由下向上填写；备注一栏填写该零件需要说明的事项，如没有需要说明的事项，则不填；标准件的规格标在名称后面；螺栓、螺母的性能等级标记在材料一栏中。具体示例如图 1.2 所示，标题栏个别尺寸标注如图 1.1 所示。

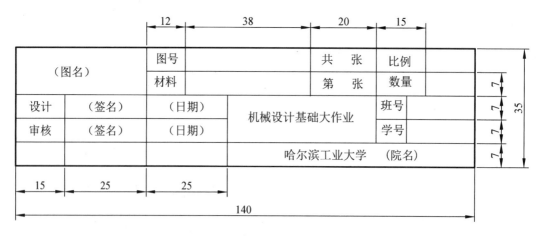

图 1.1　零件图简化的标题栏格式

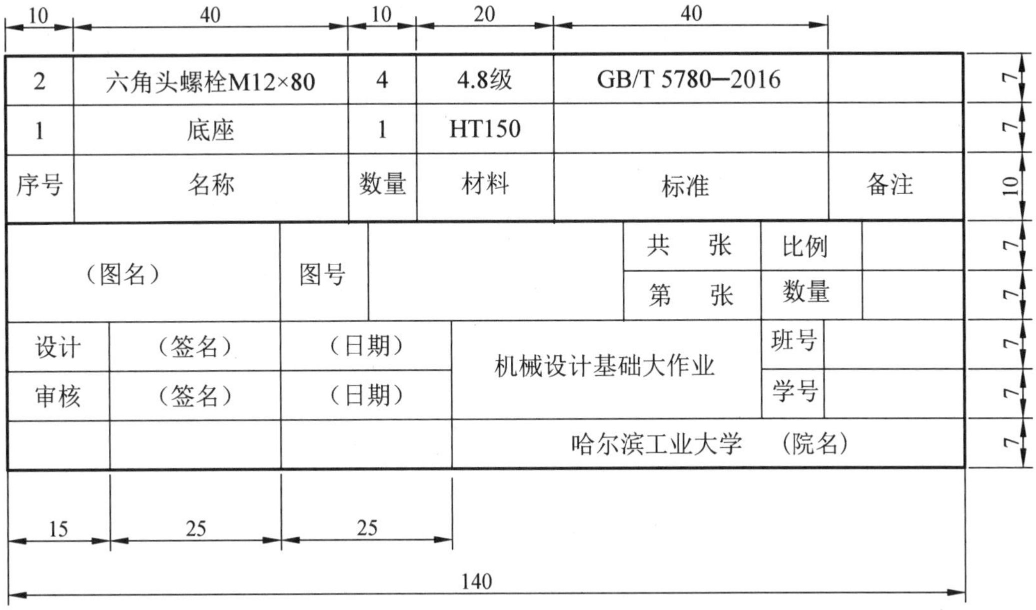

10	40	10	20	40	

2	六角头螺栓M12×80	4	4.8级	GB/T 5780—2016	
1	底座	1	HT150		
序号	名称	数量	材料	标准	备注

(图名)		图号		共　张	比例	
				第　张	数量	
设计	(签名)	(日期)	机械设计基础大作业		班号	
审核	(签名)	(日期)			学号	
			哈尔滨工业大学　　(院名)			

图 1.2　装配图简化的标题栏及明细表格式

1.3.2　设计计算说明书要求

设计计算说明书是设计计算的整理和总结,是图纸设计的理论根据,是审核设计的技术文件之一。因此编写计算说明书是设计工作的一个重要组成部分。

(1) 设计计算说明书一律使用 A4 打印纸来打印,需要包含封面、任务书(扉页)、目录、设计计算的详细过程、参考书目等项目,左侧装订成册,封面和任务书格式如图 1.3 所示。

(2) 设计计算说明书中物理量标注。

① 物理量的名称和符号。

说明书中物理量的名称和符号应符合《量和单位》(GB 3100 ~ 3102—1993) 的规定,某一物理量的名称和符号应统一。

物理量的符号必须采用斜体。

② 物理量的计量单位。

物理量的计量单位及符号应按《量和单位》(GB 3100 ~ 3102—1993) 执行,不得使用非法定计量单位及符号。计量单位可采用汉字或符号,但应前后统一。计量单位符号,除用人名命名的单位第一个字母用大写之外,一律使用小写字母。

3

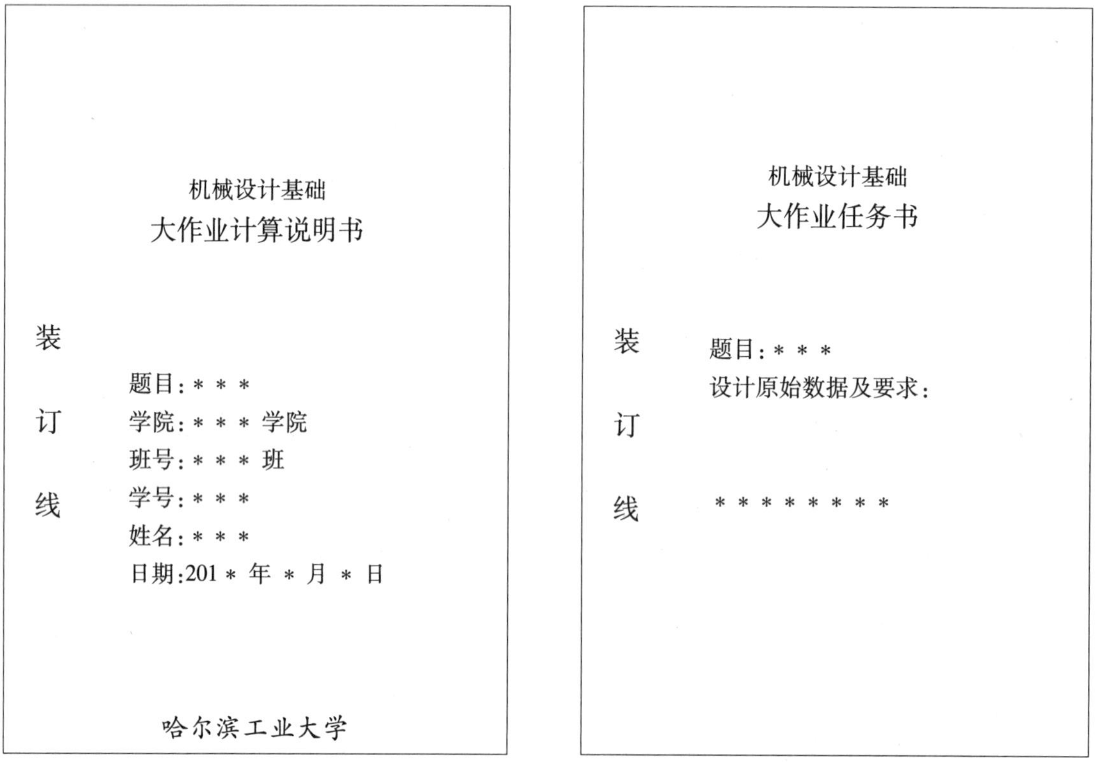

机械设计基础
大作业计算说明书

装

订

线

题目：＊＊＊
学院：＊＊＊学院
班号：＊＊＊班
学号：＊＊＊
姓名：＊＊＊
日期：201＊年＊月＊日

哈尔滨工业大学

机械设计基础
大作业任务书

装

订

线

题目：＊＊＊
设计原始数据及要求：

＊＊＊＊＊＊＊＊

（a）设计计算说明书封面　　　　　（b）设计计算说明书扉页 —— 设计任务书格式

图1.3　设计说明书封面及设计任务书格式

非物理量单位（如件、台、人、元、次等）可以采用汉字与单位符号混写的方式，如"万t·km""t/（人·a）"等。

（3）外文字母的正体与斜体用法。

按照上述标准规定，物理量符号，物理常量、变量符号采用斜体；计量单位等符号采用正体；外文字母采用 Times New Roman 字体。

（4）数字。

根据《出版物上数字用法》（GB/T 15835—2011），除习惯用中文数字表示的以外，一般均使用阿拉伯数字，采用 Times New Roman 字体。

（5）公式。

说明书中的公式应另起行，并居中书写，且要与周围文字留有足够的位置区分开。公式应标注序号，并将序号置于括号内。公式序号按章编排，如第 1 章第 1 个公式的序号为"（1.1）"。所有公式的序号右端对齐。

说明书中引用公式时,一般用"见式(1.1)"或"由公式(1.1)"。

若公式前有文字(如"解""假定"等),文字前空 4 个半角字符,公式仍居中写,公式末不加标点。

公式中用斜线表示"除"的关系时应采用括号,以免含糊不清,如 $a/(b\cos x)$。通常"乘"的关系在前,如 $a\cos x/b$ 不能写成 $(a/b)\cos x$。

公式较长时最好在等号"="处转行,如难实现,则可在"$+$、$-$、$\times$、$\div$"运算符号处转行,转行时运算符号仅书写于转行式前,不重复书写。

公式中第一次出现的物理量代号应给予注释,注释的转行应与破折号"——"后第一个字对齐。破折号占 4 个半角字符,注释物理量需用公式表示时,公式后不应出现公式序号。具体格式如下

$$d_2 \geqslant 0.8\sqrt{\frac{\rho}{\psi[p]}} = 0.8\sqrt{\frac{40\,000}{2.5 \times 20}} = 29.21(\text{mm})$$

式中　　d_2—— 梯形螺纹的中径,mm;

　　　　Q—— 起重载荷,N,此处 $Q = 40\,000$ N;

　　　　ψ—— 系数,整体式螺母时取 $\psi = 2$;

　　　　$[p]$—— 螺旋副的许用压强,MPa, 查参考书目[1] 中 185 页,钢对青铜,低速,
　　　　　　　取 $[p] = 20$ MPa。

(6) 对所引用的计算公式和数据,应注明来源 —— 参考书目的编号和页次,例如前面所取的 $[p]$ 值。

(7) 对某些计算结果做出简单的结论,例如关于强度计算的结论 ——"在许用范围内"或"满足强度条件"等。

(8) 设计计算说明书中应附有必要的简图,例如受力分析图、零部件结构简图等。

第2章　平面连杆机构设计

2.1　设计题目

平面连杆机构的图解法设计。

2.2　设计原始数据

设计一曲柄摇杆机构。已知摇杆长度 l_3、摆角 ψ 和摇杆的行程速比系数 K，摇杆 CD 靠近曲柄回转中心 A 一侧的极限位置与机架间的夹角为 $\angle CDA$，试用图解法设计其余三杆的长度，并检验（测量或计算）机构的最小传动角 γ，具体方案见表 2.1。

表 2.1　具体方案

数据	方案 1	方案 2	方案 3	方案 4	方案 5
l_3/mm	80	60	80	90	70
ψ/(°)	40	30	35	40	35
K	1.2	1.2	1.15	1.25	1.2
$\angle CDA$/(°)	50	60	55	45	50

2.3　设计要求

（1）平面连杆机构图解法设计图纸一张，样图如图 2.1 所示。

6

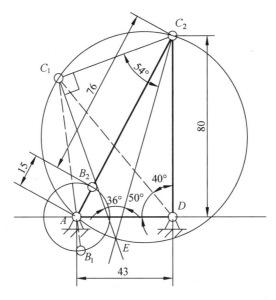

图 2.1　平面连杆机构设计样图

（2）设计计算说明书一份。

2.4　设计说明

（1）采用 A3 图纸，按照 1∶1 比例绘图。

（2）标注尺寸。

（3）辅助线使用细实线。

（4）杆的一个极限位置使用粗实线，另一个极限位置使用虚线。

2.5　设计计算说明书包括的内容

（1）大作业任务书（扉页）。

（2）目录。

（3）设计过程。

① 计算极位夹角 θ。

② 绘制机架位置线以及摇杆的两个极限位置。

③ 确定曲柄回转中心。

④ 确定各杆长度。

⑤ 验算最小传动角 γ。

（4）参考书目。

2.6　平面四杆机构设计示例

1. 设计题目

本例的设计题目：平面四杆机构的图解法设计。

2. 设计原始数据

本例设计一曲柄摇杆机构。已知摇杆长度 l_3、摆角 ψ 和摇杆的行程速比系数 K，摇杆 CD 靠近曲柄回转中心 A 一侧的极限位置与机架间的夹角为 $\angle CDA$，试用图解法设计其余三杆的长度，并检验（测量或计算）机构的最小传动角 γ。

$$l_3 = 80 \text{ mm}$$

$$\psi = 40°$$

$$K = 1.5$$

$$\angle CDA = 50°$$

3. 设计计算说明书

（1）计算极位夹角 θ。

$$\theta = \frac{K - 1}{K + 1} \cdot 180°$$

代入数值，可得

$$\theta = \frac{1.5 - 1}{1.5 + 1} \times 180° = 36°$$

（2）设计制图。

① 在图纸上取一点作为 D 点，从 D 点垂直向上引出一条长为 80 mm 的线段，终点为 C_2。

② 从 D 点在 C_2D 左侧引出一条与 C_2D 夹角为 40° 的射线。

③ 以 D 点为圆心，以 C_2D 为半径画圆，与射线交于点 C_1。

④ 从 C_1 作垂直于 C_1C_2 的射线，从 C_2 作与 C_1C_2 夹角为 54° 的射线，该射线与③中射线交于一点 E。作 $\triangle C_1EC_2$ 外接圆，从 D 点向左作与 DC_1 成 50° 的直线，与圆交点即为 A。

⑤ 连接 AC_1、AC_2 并量取其长度，以 A 为圆心、$\dfrac{|\,l_{AC_1} - l_{AC_2}\,|}{2}$ 为半径画圆，直线 AC_1、AC_2 与圆的

交点分别为 B_1、B_2。

⑥ 在图中量取 $AB = 15$ mm、$BC = 76$ mm、$AD = 43$ mm。绘制四杆机构如图 2.1 所示。

（3）验算最小传动角 γ。

设 $a = AB$、$b = BC$、$c = CD$、$d = AD$。

① 在 AB 与 AD 共线的第一个位置使用余弦定理

$$\cos \delta_{\min} = \frac{b^2 + c^2 - (d - a)^2}{2bc} = \frac{76^2 + 80^2 - 28^2}{2 \times 76 \times 80} = 0.936\ 8$$

$$\gamma'_{\min} = \arccos 0.936\ 8 = 20.48°$$

② 在 AB 和 AD 共线的第二个位置使用余弦定理

$$\cos \delta_{\max} = \frac{b^2 + c^2 - (a + d)^2}{2bc} = \frac{76^2 + 80^2 - 58^2}{2 \times 76 \times 80} = 0.724\ 7$$

$$\gamma''_{\min} = \arccos 0.724\ 7 = 43.56°$$

所以最小传动角 $\gamma_{\min} = 20.48°$。

4. 参考书目

［1］敖宏瑞，丁刚，闫辉主编. 机械设计基础（第 6 版）. 哈尔滨：哈尔滨工业大学出版社，2022.①

［2］王瑜，闫辉主编. 机械设计基础设计实践指导. 哈尔滨：哈尔滨工业大学出版社，2019.

----

① 此处参考书目格式为本书中设计计算说明书的格式，下同。

第 3 章　盘形凸轮轮廓设计

3.1　设计题目

盘形凸轮轮廓的图解法设计。

3.2　设计原始数据

采用图解法设计偏置滚子直动从动件 —— 盘形凸轮轮廓。盘形凸轮轮廓的图解法设计原始数据见表 3.1（推杆的偏置方向以及推杆推程和回程运动规律代号见表下方的注）。

表 3.1　盘形凸轮轮廓的图解法设计原始数据

方案序号	凸轮角速度 ω 方向	基圆半径 r_0 /mm	偏距 e /mm	滚子半径 r_r /mm	推杆运动规律						
					推程	回程	升程 h/mm	推程运动角 ϕ_0/(°)	远休止角 ϕ_s/(°)	回程运动角 ϕ_0'/(°)	近休止角 ϕ_s'/(°)
1	顺时针	40	8	10	①	①	30	150	30	120	60
2	顺时针	40	8	10	②	②	35	140	30	140	50
3	顺时针	40	8	10	①	③	40	150	30	140	40
4	顺时针	45	10	10	④	①	30	140	50	120	50
5	顺时针	45	10	10	②	①	35	140	40	120	60

续表 3.1

方案序号	凸轮角速度 ω 方向	基圆半径 r_0 /mm	偏距 e /mm	滚子半径 r_r /mm	推杆运动规律						
					推程	回程	升程 h/mm	推程运动角 ϕ_0/(°)	远休止角 ϕ_s/(°)	回程运动角 ϕ_0'/(°)	近休止角 ϕ_s'/(°)
6	逆时针	45	10	12	②	④	40	140	30	120	70
7	逆时针	45	10	12	④	②	35	150	30	120	60
8	逆时针	50	12	12	②	③	35	130	50	110	70
9	逆时针	50	12	12	①	②	40	140	40	120	60
10	逆时针	50	12	12	③	①	45	130	50	130	50

注:(1) 推杆的偏置方向应使机构推程压力角较小。

(2) 推杆运动规律(推程、回程)。

① 为等速运动规律;② 为等加速、等减速运动规律;③ 为余弦加速度运动规律;④ 为正弦加速度运动规律。

3.3　设计要求

(1) 图解法设计盘形凸轮轮廓设计图纸一张,样图如图 3.1 所示。

(2) 设计计算说明书一份。

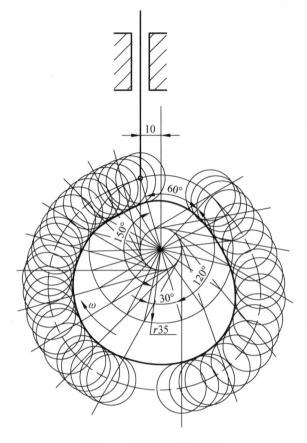

图3.1　凸轮轮廓设计样图

3.4　设计说明

（1）采用 A3 图纸,按照 1∶1 比例绘图。

（2）凸轮轮廓的理论轮廓线使用点划线,实际轮廓线使用粗实线。

（3）作图过程中用到的线使用细实线画。

（4）采用说明书写出作图过程。

（5）不用校验压力角。

3.5　设计计算说明书包括的内容

（1）大作业任务书(扉页)。

（2）目录。

（3）设计过程。

① 取比例尺并作基圆。

② 做反转运动，量取 ϕ_0、ϕ_s、ϕ_0'、ϕ_s'，并等分 ϕ_0 和 ϕ_0'。

③ 计算推杆的预期位移。

④ 确定理论轮廓线上的点。

⑤ 绘制理论轮廓线。

⑥ 绘制实际轮廓线。

（4）参考书目。

3.6　盘形凸轮轮廓设计示例

1. 设计题目

本例的设计题目：盘形凸轮轮廓设计。

2. 设计原始数据

本例的设计原始数据见表 3.2。

表 3.2　本例的设计原始数据

凸轮角速度 ω 方向	基圆半径 r_0 /mm	偏距 e /mm	滚子半径 r_r /mm	推杆运动规律						
				推程	回程	升程 h/mm	推程运动角 ϕ_0/(°)	远休止角 ϕ_s/(°)	回程运动角 ϕ_0'/(°)	近休止角 ϕ_s'/(°)
顺时针	35	10	12	①	①	30	150	30	120	60

注：（1）推杆的偏置方向应使机构推程压力角较小。

　　（2）推杆运动规律（推程、回程）。

① 为等速运动规律。

3. 设计计算说明书

（1）取比例尺并作基圆。

按 1：1 的比例尺作图。取一点（凸轮轴心）为圆心，以 35 mm 为半径作凸轮的理论基圆。

（2）做反转运动。

量取 ϕ_0、ϕ_s、ϕ_0'、ϕ_s'，并等分 ϕ_0、ϕ_0'。

取推程运动角 ϕ_0 为 150°，并等分为十份；取回程运动角 ϕ_0' 为 120°，并等分为六份；取远休止角 ϕ_s 为 30°；取近休止角 ϕ_s' 为 60°。

（3）计算推杆的预期位移。

由于推程阶段所做的运动为匀速运动，因此可知

$$s = \frac{h}{\phi_0}\varphi \tag{3.1}$$

式中　　s——推杆位移，mm；

　　　　ϕ_0——推程运动角，（°）；

　　　　h——凸轮升程；

　　　　φ——凸轮运动角度，（°）。

将 φ 等于 15°、30°、45°、60°、75°、90°、105°、120°、135° 和 150° 分别代入式（3.1）得到相应的推杆位移为 3 mm、6 mm、9 mm、12 mm、15 mm、18 mm、21 mm、24 mm、27 mm、30 mm。

回程时推杆做匀速运动，同理可求出六等分点时的位移分别为 25 mm、20 mm、15 mm、10 mm、5 mm、0 mm。

（4）确定理论轮廓线上的点。

以凸轮轴心为圆心，偏距 $e = 10$ mm 为半径作偏距圆。在偏距圆与角等分线的交点处作偏距圆的切线，如图 3.1 所示。并在所作的切线上向外取（3）中解出的长度来确定理论轮廓线上的点，然后以这些点为圆心、以 12 mm 为半径作圆。

（5）绘制理论轮廓线。

将（4）中的点以平滑的曲线连接起来，即为凸轮的理论轮廓线。

（6）绘制实际轮廓线。

作（4）中作的各个圆的内包络线，即得盘形凸轮的实际轮廓线。绘制凸轮轮廓如图 3.1 所示。

4. 参考书目

[1] 敖宏瑞，丁刚，闫辉主编. 机械设计基础（第 6 版）. 哈尔滨：哈尔滨工业大学出版社，2022.

[2] 王瑜，闫辉主编. 机械设计基础设计实践指导. 哈尔滨：哈尔滨工业大学出版社，2019.

第4章 齿轮传动设计

4.1 设计题目

单级闭式圆柱齿轮传动设计。

4.2 设计原始数据

单级闭式圆柱齿轮传动设计原始数据见表4.1。

表4.1 单级闭式圆柱齿轮传动设计原始数据

方案序号	传递的功率 P/kW	传动比 i	高速轴转速 $n_1/(\text{r}\cdot\text{min}^{-1})$	轮齿方向	原动机	轮齿受载情况	载荷特性	生产批量
1	3.6	3.1	720	直齿	电动机驱动	单向工作	中等冲击	大批量
2	5	3.3	960	直齿	电动机驱动	单向工作	中等冲击	大批量
3	7.4	3	1 440	直齿	电动机驱动	单向工作	载荷平稳	大批量
4	7.6	3.3	1 460	斜齿	电动机驱动	单向工作	中等冲击	大批量
5	5.2	3.1	970	斜齿	电动机驱动	单向工作	载荷平稳	大批量
6	4	3	720	斜齿	电动机驱动	单向工作	载荷平稳	大批量

4.3 设计要求

(1) 绘制大齿轮工作图一张,样图如图4.1所示。

(2) 设计计算说明书一份。

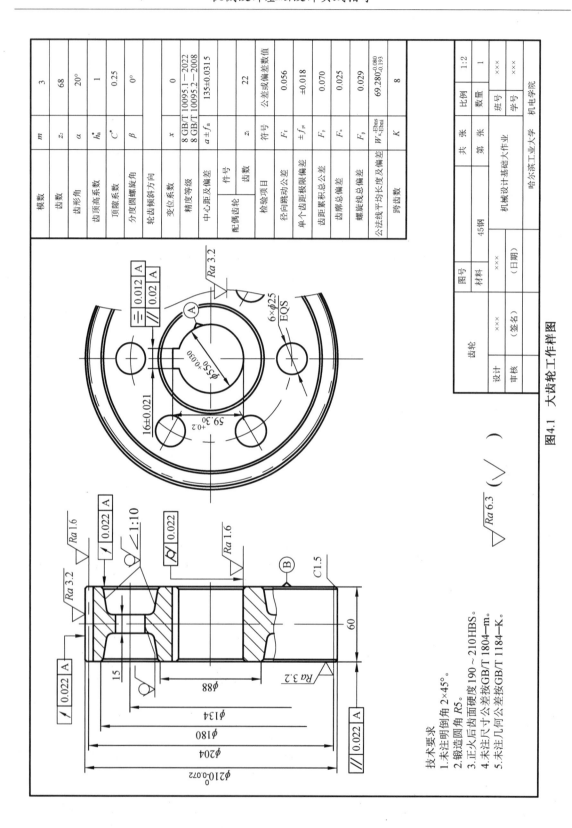

模数	m	3
齿数	z_1	68
齿形角	α	$20°$
齿顶高系数	h_a^*	1
顶隙系数	C^*	0.25
分度圆螺旋角	β	$0°$
轮齿齿螺旋方向		
变位系数	x	0
精度等级	8 GB/T 10095.1—2022 8 GB/T 10095.2—2008	
中心距及偏差	$a \pm f_a$	135 ± 0.0315
配偶齿轮	件号	
	齿数	z_1	22
检验项目	符号	公差或偏差数值
径向跳动公差	F_r	0.056
单个齿距极限偏差	$\pm f_{pt}$	± 0.018
齿距累积总公差	F_p	0.070
齿廓总偏差	F_α	0.025
螺旋线总偏差	F_β	0.029
公法线平均长度及偏差	$W^{-Ebns}_{s,Ebni}$	$69.280^{0.080}_{-0.193}$
跨齿数	K	8

	图号			共 张 第 张	比例	1:2
	材料	45钢	×××	机械设计基础大作业	数量	1
齿轮					班号	×××
		×××		哈尔滨工业大学 机电学院	学号	×××
设计	×××	(签名)				
审核		(日期)				

$\sqrt{Ra\,6.3}\,(\ \sqrt{\ }\ )$

技术要求
1. 未注明倒角 $2 \times 45°$。
2. 锻造圆角 $R5$。
3. 正火后齿面硬度 $190 \sim 210$HBS。
4. 未注尺寸公差按GB/T 1804—m。
5. 未注几何公差按GB/T 1184—K。

图4.1 大齿轮工作样图

16

4.4　设计说明

（1）采用 A3 图纸，按照 1：1 比例绘图。

（2）本章的齿轮传动按 8 级精度设计。

（3）根据设计准则及已知条件正确选择齿轮材料，设计计算齿轮传动的主要尺寸，如齿数 z，模数 m，分度圆直径 d_1、d_2，中心距 a 和齿宽 b 等，其他结构尺寸按经验公式或结构、加工要求确定。

（4）齿轮传动的几何尺寸数值按各自情况进行标准化、圆整或求出精确值。如模数必须标准化；中心距、齿宽应圆整，结构尺寸如轮毂直径、宽度也尽量圆整，以便制造测量；分度圆直径、螺旋角等啮合几何尺寸必须求出精确数值，尺寸应精确到小数点后 3 位，角度应准确到秒。

（5）大齿轮轮毂的孔径是根据与孔相配合的轴径确定的。由于本作业中不包括轴的设计，故规定大齿轮轮毂的孔径取 $\phi = 55$ mm，孔径公差以及键槽的尺寸和公差可按图 4.1 标注来确定。

（6）大齿轮的结构应根据材料、加工方法、齿轮尺寸等确定，齿轮结构及尺寸可参考其他教材或参考书目[1]。大批量生产时，齿轮毛坯通常采用模锻或铸造，此时毛坯应有 1：10 的拔模斜度。

（7）齿轮工作图应包含图形、全部尺寸以及必要的公差、必要的几何公差、全部表面结构要求（表面粗糙度）、齿轮啮合特性表（齿形参数及公差检验项目）、技术要求与标题栏。

（8）依据本说明（2）的内容，尺寸公差、几何公差及齿轮的公差检验项目均应按 8 级精度标注，具体数值可查阅《机械设计手册》。

4.5　设计计算说明书包括的内容

（1）材料选择。

（2）确定许用应力。

（3）参数选择。

（4）按齿根弯曲（齿面接触）疲劳强度设计（确定分度圆直径、模数、中心距、齿宽、螺旋角等参数）。

（5）校核齿根弯曲（齿面接触）疲劳强度。

（6）设计和计算大齿轮的其他几何尺寸。

（7）参考书目。

4.6　齿轮传动设计示例

1. 设计题目

本例的设计题目:单级闭式圆柱齿轮传动设计。

2. 设计原始数据

本例的设计原始数据见表4.2。

表4.2　本例的设计原始数据

方案序号	传递的功率 P/kW	传动比 i	高速轴转速 $n_1/(r \cdot min^{-1})$	轮齿方向	原动机	轮齿受载情况	载荷特性	生产批量
	5	3.1	720	直齿	电动机驱动	单向工作	中等冲击	大批量

3. 设计计算说明书

（1）选择齿轮材料。

考虑载荷特性为中等冲击,齿轮精度等级为8级,可选用45钢为单级闭式圆柱大、小齿轮的材料。同时选择采用软齿面,故按照齿面接触疲劳强度进行设计,计算齿轮的分度圆直径及主要几何参数,然后校核齿根弯曲疲劳强度。

由参考书目[1]中表6.4查得:小齿轮调质处理,齿面硬度为217～255HBW,平均硬度为236HBW;大齿轮正火处理,齿面硬度为162～217HBW,平均硬度为190HBW。大、小齿轮齿面平均硬度差为46HBW,在30～50HBW范围内。

（2）确定许用应力。

根据齿轮的材料和齿面平均硬度,由参考书目[1]中图 6.22 查得

$$\sigma_{Hlim1} = 570 \text{ MPa}$$

$$\sigma_{Hlim2} = 390 \text{ MPa}$$

$$\sigma_{Flim1} = 220 \text{ MPa}$$

$$\sigma_{Flim2} = 170 \text{ MPa}$$

取 $S_H = 1$、$S_F = 1.25$,则

$$[\sigma]_{H1} = \frac{\sigma_{Hlim1}}{S_H} = \frac{570}{1} = 570 (\text{MPa})$$

$$[\sigma]_{H2} = \frac{\sigma_{Hlim2}}{S_H} = \frac{390}{1} = 390 (\text{MPa})$$

$$[\sigma]_{F1} = \frac{\sigma_{Flim1}}{S_F} = \frac{220}{1.25} = 176 (\text{MPa})$$

$$[\sigma]_{F2} = \frac{\sigma_{Flim2}}{S_F} = \frac{170}{1.25} = 136 (\text{MPa})$$

(3)参数选择。

① 齿数 z_1、z_2:取 $z_1 = 24$;$z_2 = iz_1 = 3.1 \times 24 = 74.4$,取 $z_2 = 74$。

② 齿宽系数 ϕ_d:由参考书目[1]中表 6.6 取 $\phi_d = 1.0$。

③ 载荷系数 K:由参考书目[1]中表 6.5 取 $K = 1.3$。

④ 齿数比 u:$u = \frac{z_2}{z_1} = \frac{74}{24} = 3.08$。

(4)按齿面接触疲劳强度设计。

小齿轮传递的扭矩为

$$T_1 = 9.55 \times 10^6 \times \frac{P}{n_1} = 9.55 \times 10^6 \times \frac{5}{720} = 6.63 \times 10^4 (\text{N} \cdot \text{mm})$$

$$[\sigma]_H = \min\{[\sigma]_{H1}, [\sigma]_{H2}\} = 390 (\text{MPa})$$

由参考书目[1]中式(6.22)计算小齿轮的分度圆直径,即

$$d_1 \geqslant 76.6 \sqrt[3]{\frac{KT_1(u+1)}{\phi_d u [\sigma]_H^2}} = 76.6 \sqrt[3]{\frac{1.3 \times 6.63 \times 10^4 \times (3.08+1)}{1.0 \times 3.08 \times 390^2}} = 64.07 (\text{mm})$$

确定模数、中心距、分度圆直径及齿宽。

① 模数:$m = \frac{d_1}{z_1} = \frac{64.07}{24} = 2.67 (\text{mm})$,按参考书目[1]中表 6.1 取标准模数 $m = 3$ mm。

② 中心距：$a = \dfrac{1}{2}m(z_1 + z_2) = \dfrac{1}{2} \times 3 \times (24 + 74) = 147(\text{mm})$。

③ 分度圆直径：$d_1 = z_1 m = 24 \times 3 = 72(\text{mm})$，$d_2 = z_2 m = 74 \times 3 = 222(\text{mm})$。

④ 齿宽：$b = \phi_d d_1 = 1.0 \times 72 = 72(\text{mm})$，取 $b_2 = 72$ mm，$b_1 = 80$ mm。

（5）校核齿根弯曲疲劳强度。

根据齿数，由参考书目［1］中表 6.7 查得齿形系数 $Y_{F1} = 2.75$，$Y_{F2} = 2.26$。

齿形系数与许用弯曲应力的比值为

$$\frac{Y_{F1}}{[\sigma]_{F1}} = \frac{2.75}{176} = 0.015\,6$$

$$\frac{Y_{F2}}{[\sigma]_{F2}} = \frac{2.26}{136} = 0.016\,6$$

因为 $\dfrac{Y_{F2}}{[\sigma]_{F2}}$ 较大，故需要校核齿轮 2 的弯曲疲劳强度，由参考书目［1］中式（6.24）有

$$\sigma_{F2} = \frac{2KT_1 Y_{F2}}{bd_1 m} = \frac{2 \times 6.63 \times 10^4 \times 2.26}{72 \times 72 \times 3} = 19.27(\text{MPa}) < [\sigma]_{F2}$$

则齿根弯曲疲劳强度满足。

（6）计算大齿轮其他几何尺寸。

齿顶圆直径 $d_{a2} = (z_2 + 2h_a^*)m = (74 + 2 \times 1) \times 3 = 228(\text{mm})$。

为了减少质量和节省材料，采用锻造腹板式（模锻）结构。

齿轮结构尺寸的确定：

$d_k = 55$ mm；

$D_1 \approx 1.6d_k = 1.6 \times 55 = 88(\text{mm})$；

$D_2 = d_a - 10m = 222 - 10 \times 3 = 192(\text{mm})$；

$L = b = 72$ mm；

$c = 0.2b = 0.2 \times 72 = 14.4(\text{mm})$，为便于制造检测，取 $c = 15$ mm；

$D_0 \approx 0.5(D_1 + D_2) = 0.5 \times (88 + 192) = 140(\text{mm})$；

$d_0 = 0.25(D_2 - D_1) = 0.25 \times (192 - 88) = 26(\text{mm})$；

$r = 0.5c = 0.5 \times 15 = 7.5(\text{mm})$，为便于制造检测，取 $r = 8$ mm；

$n = 0.5m = 0.5 \times 3 = 1.5(\text{mm})$，为便于制造检测，取 $n = 2$ mm。

以上字母代表含义见参考书目［1］中图 6.36。

（7）绘制大齿轮工作图（略）。

4. 参考书目

［1］敖宏瑞,丁刚,闫辉主编. 机械设计基础（第 6 版）. 哈尔滨：哈尔滨工业大学出版社,2022.

［2］王瑜,闫辉主编. 机械设计基础设计实践指导. 哈尔滨：哈尔滨工业大学出版社,2019.

第5章 螺纹连接设计

5.1 设计题目

本章主要设计螺纹连接的典型结构,具体如下。

1. 螺栓连接

用 M16 六角头螺栓 C 级(GB/T 5780—2016)连接两个厚度各为 40 mm 的铸铁零件,两个铸铁零件上钻 ϕ17.6 mm 通孔,采用弹簧垫圈(GB/T 93—1987)防松。

2. 铰制孔用螺栓连接

用 M12 铰制孔用螺栓(GB/T 27—2013)连接两个厚度各为 20 mm 的钢板零件。

3. 螺钉连接

用 M12 六角头螺栓(GB/T 5782—2016)连接厚为 25 mm 的铸铁凸缘和另一个很厚的铸铁零件,采用弹簧垫圈(GB/T 93—1987)防松。

4. 双头螺柱连接

用 M12 双头螺柱(GB/T 899—1988)连接厚为 25 mm 的钢板和一个很厚的铸铁零件。

5. 紧定螺钉连接

用 M8 开槽锥端紧定螺钉(GB/T 71—2018)将 ϕ80 mm 的零件固定在 ϕ40 mm 的轴上。

5.2 设计要求

(1)按照设计题目给出的条件查手册确定标准连接零件的尺寸。

(2)按照 1∶1 的比例与制图规范画出上述各种螺纹连接结构,并标出必要的尺寸,如图 5.1 所示。

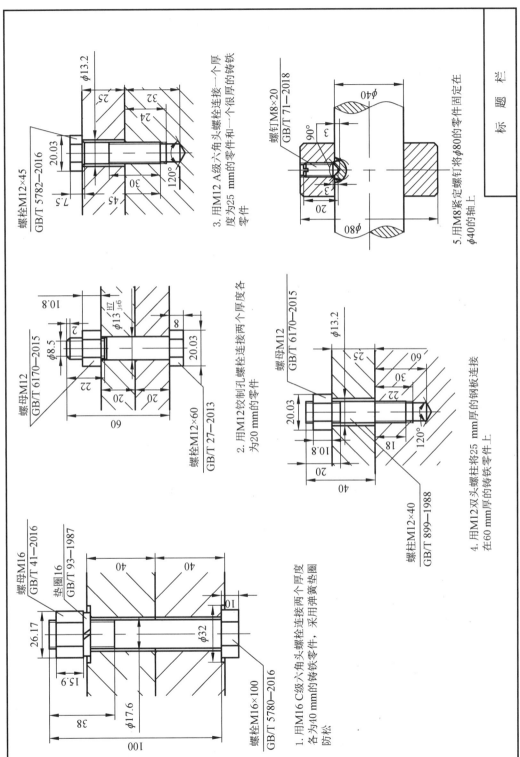

图 5.1 螺纹连接设计样图

5.3　设计说明

（1）采用 A3 图纸，按照 1∶1 比例绘图。

（2）被连接件的螺栓孔按要求设计，特殊说明的除外。

（3）铸造表面拧螺栓时要锪平。

5.4　螺纹连接设计示例

本例设计题目见 5.1 节，螺纹连接设计样图如图 5.1 所示。

第6章 螺旋起重器设计

螺旋起重器(也称螺旋千斤顶)是一种简单的起重装置,用手推动手柄即可起升重物。它一般由底座、螺杆、螺母、托杯和手柄等零件所组成。

6.1 设计原始数据

螺旋起重器设计原始数据见表6.1。

表6.1 螺旋起重器设计原始数据

方案序号	起重量 Q/kN	最大起重高度 H/mm	
1	35	180	
2	45	170	
3	50	150	

6.2 设计要求

(1)完成螺旋千斤顶设计计算说明书一份。

(2)螺旋千斤顶装配图一张,样图如图6.1所示。

6.3 设计说明

(1)采用 A3 图纸,按照 1∶2 比例绘图。

(2)螺旋起重器的装配图要画出全部结构,标注出必要尺寸与零件编号,填写标题栏与明细表,具体如图6.1所示。

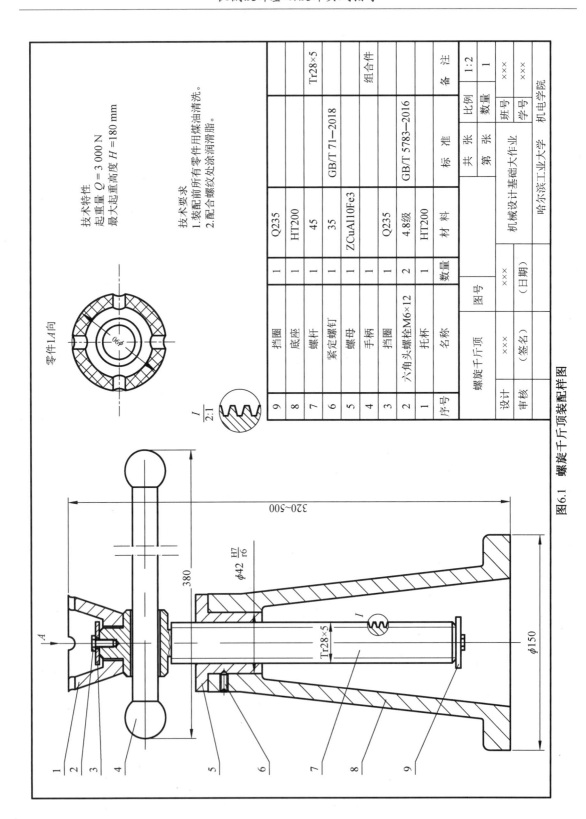

图6.1 螺旋千斤顶装配样图

（3）设计计算说明书应包括起重器各部分尺寸的计算,强度、自锁性和稳定性校核等。

（4）起重螺旋采用梯形螺纹。

（5）对螺杆进行稳定性校核计算时,计算长度可取为当螺杆升到最高位置时由其顶端承力截面至螺母高度中点的距离,端部支承情况可视为一端固定、一端自由。

（6）螺杆底部必须有一个挡圈,并用螺钉加以固定,以防止螺杆全部从螺母中旋出去。挡圈的结构可自行设计,其外径可略大于螺杆外径,厚度为 4 ～ 6 mm;固定挡圈用的螺钉直径及螺杆顶部的固定螺钉直径,一般为 M8 ～ M10。

（7）对于螺母与底座分开的结构,为了防止螺母随螺杆转动,必须用紧定螺钉将其固定,紧定螺钉的直径一般为 M6 ～ M8。

（8）支承底面材料如无特别说明,则为混凝土路面。

6.4　设计参考资料

1. 结构尺寸经验公式(图 6.2 和图 6.3)

d、d_1、H 按强度计算确定;

$D_T = (2.0 \sim 2.5)d$;

$D = (1.6 \sim 1.8)d$;

$D_1 = (0.6 \sim 0.8)d$;

$D_2 \approx 1.5d$;

$D_3 \approx 1.4D_2$;

$D_4 \approx 1.4D_5$;

D_5 由结构确定;

δ、$\delta_1 = 8 \sim 10$ mm;

$h = (0.8 \sim 1)D$;

$h_1 = (1.8 \sim 2)d_1$;

$h_2 = (0.6 \sim 0.8)D_1$;

$a = 6 \sim 8$ mm;

$t = 4 \sim 6$ mm;

$b = (0.2 \sim 0.3)H$；

$d_3 = (0.25 \sim 0.3)D_1$，但不小于 M6；

$S = (1.5 \sim 2)\delta$。

2. 手柄材料的许用弯曲应力

手柄材料的许用弯曲应力为

$$[\sigma]_b = \frac{\sigma_s}{1.5 \sim 2}$$

式中　σ_s—— 手柄材料的屈服极限。

对于 Q235A，材料厚度（直径） ≤ 16 mm，$\sigma_s = 235$ MPa；材料厚度（直径）$> 16 \sim 40$ mm，$\sigma_s = 225$ MPa。对于 35 钢，$\sigma_s = 315$ MPa。

3. 底面挤压强度校核

（1）校核公式为

$$\sigma_p = \frac{Q}{\frac{\pi}{4}(D_4^2 - D_5^2)} \leq [\sigma]_p$$

式中　Q—— 起重量，kN；

　　　D_4—— 千斤顶底座外径（图6.2），mm；

　　　D_5—— 千斤顶底座内径，mm；

　　　$[\sigma]_p$—— 千斤顶底座与支承底面材料中较弱的许用挤压应力，MPa。

（2）支承底面材料的许用挤压应力$[\sigma]_p$见表6.2。

表6.2　支承底面材料的许用挤压应力$[\sigma]_p$

底面材料	木材	红砖	水泥砖	混凝土路面	钢	铸铁
$[\sigma]_p$/MPa	$2 \sim 4$	8	10	30	$0.8\sigma_s$	$(0.4 \sim 0.5)\sigma_{bc}$

注：铸铁的许用挤压应力$[\sigma]_p$中，σ_{bc}为抗压强度。

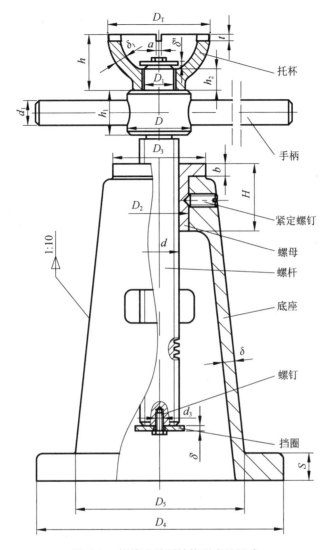

图 6.2　螺旋千斤顶结构形式及尺寸

4. 托杯设计

托杯用来承托重物,可用铸钢铸成,也可用 Q235 钢模锻制成,其结构尺寸如图6.3所示。为了使其与重物接触良好以及防止与重物之间出现相对滑动,在托杯上表面制有切口的沟纹(滚花)。为了防止托杯从螺杆端部脱落,在螺杆上端应装有挡板。环形摩擦半径 r' 为

$$r' = \frac{1}{3}\left\{\frac{[D-(2\sim4)]^3 - (D_1+2)^3}{[D-(2\sim4)]^2 - (D_1+2)^2}\right\}$$

也可简化计算环形摩擦半径 r',取

$$r' = \frac{1}{4}\left\{[D-(2\sim4)] + (D_1+2)\right\}$$

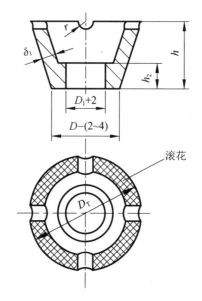

图 6.3　托杯结构形式及尺寸

6.5　螺旋起重器设计示例

1. 设计原始数据及要求

起重量 Q = 40 kN,最大起重高度 H = 200 mm。

2. 材料选择

根据起重器的要求,选择螺杆的材料为 45 钢;螺母的材料为 ZCuAl10Fe3 高强度铸造青铜;手柄选用 Q235A;底面材料选择铸铁 HT100。

3. 起重器结构设计计算

（1）螺纹耐磨性计算。

螺纹的磨损多发生在螺母上。耐磨性计算主要是限制螺纹工作表面的压强,以防止过度磨损。

按耐磨性条件计算螺纹中径 d_2,对于梯形螺纹,h = 0.5P,则

$$d_2 \geqslant \sqrt{\frac{QP}{\pi \psi h [p]}} = 0.8 \sqrt{\frac{Q}{\psi [p]}}$$

式中　　Q——起重量,本例选为 40 kN;

　　　　$[p]$——许用压强,本例选为 18 ~ 25 MPa;

μ—— 系数，$\mu = H/d_2 = 1.2 \sim 2.5$。

取许用压强$[p] = 25$ MPa，系数 μ 取 2.0，得

$$d_2 \geqslant 0.8 \sqrt{\frac{40\ 000}{2.0 \times 25}} = 22.6\ (\text{mm})$$

圆整后取公称直径 $d = 28$ mm，螺距 $P = 5$ mm。

内螺纹为

$$d = 28.5\ \text{mm}, \quad d_1 = 23\ \text{mm}, \quad d_2 = 25.5\ \text{mm}$$

外螺纹为

$$d = 28\ \text{mm}, \quad d_1 = 22.5\ \text{mm}, \quad d_2 = 25.5\ \text{mm}$$

（2）螺杆的强度校核。

对于起重螺旋，需要根据螺杆强度确定螺杆螺纹小径

$$d_1 \geqslant \sqrt{\frac{4 \times 1.25Q}{\pi[\sigma]}}$$

其中

$$[\sigma] = \frac{\sigma_s}{3 \sim 5}$$

当 $\sigma_s \geqslant 355$ MPa 时，可取 $[\sigma] = \dfrac{355}{3} = 118.33$ （MPa）。

计算得

$$d_1 \geqslant \sqrt{\frac{4 \times 1.25 \times 40\ 000}{\pi \times 118.33}} = 23.19 (\text{mm})$$

原定螺纹不符合强度要求，选取下一系列，即

外螺纹：$d = 32$ mm，$d_1 = 25$ mm，$d_2 = 29$ mm。

内螺纹：$d = 33$ mm，$d_1 = 26$ mm，$d_2 = 29$ mm。

螺距：$P = 6$ mm。

这样，螺母高度为

$$H = \mu d_2 = 2.5 \times 29 = 72.5 (\text{mm})$$

螺纹旋合圈数为

$$z = \frac{H}{P} = \frac{72.5}{6} = 12$$

由于旋合各圈受力不均,应使 $z \leqslant 10$,故取 $z = 10$,$H = 60$ mm。

（3）螺纹牙强度校核。

螺纹牙根部的剪切强度校核计算:

$$\tau = \frac{Q}{\pi d' b z} \leqslant [\tau]$$

螺纹牙根部的弯曲强度校核计算:

$$\sigma_\mathrm{b} = \frac{3Qh}{\pi d' z b^2} \leqslant [\sigma]_\mathrm{b}$$

式中　　d'——螺母螺纹大径,$d' = 33$ mm;

　　　　h——螺纹牙的工作高度,$h = 0.5P = 0.5 \times 6 = 3(\mathrm{mm})$;

　　　　b——螺纹牙根部厚,对于梯形螺纹 $b = 0.65P = 3.9(\mathrm{mm})$;

　　　　$[\tau]$——螺母材料的许用切应力,$[\tau]$ 为 $30 \sim 40$ MPa;

　　　　$[\sigma]_\mathrm{b}$——螺母材料的许用弯曲应力,$[\sigma]_\mathrm{b}$ 为 $40 \sim 60$ MPa。

代入数据,则

$$\tau = \frac{40\,000}{\pi \times 33 \times 3.9 \times 10} = 9.89(\mathrm{MPa}) \leqslant [\tau]$$

$$\sigma_\mathrm{b} = \frac{3 \times 40\,000 \times 3}{\pi \times 33 \times 10 \times 3.9^2} = 22.83(\mathrm{MPa}) \leqslant [\sigma]_\mathrm{b}$$

可得螺纹牙强度合格。

（4）螺纹副自锁条件校核。

螺旋起重器的自锁条件为

$$\psi \leqslant \rho'$$

式中　　ψ——螺纹升角;

　　　　ρ'——当量摩擦角。

$$\psi = \arctan \frac{nP}{\pi d_2} = \arctan \frac{6}{\pi \times 29} = 3.77$$

则

$$\rho' = \arctan f' = \arctan 0.1 = 5.71$$

式中　　f'——当量摩擦系数。

可得螺纹副自锁条件合格。

（5）螺杆的稳定性校核。

对于细长的受压螺杆，当轴向压力 Q 大于某一临界值时，螺杆会发生横向弯曲而失去稳定。受压螺杆的稳定性条件式为

$$\frac{F_c}{Q} = 2.5 \sim 4$$

式中　　F_c——螺杆稳定的临界载荷。

淬火钢螺杆长径比为

$$\lambda = \frac{4\mu l}{d_1} = \frac{4 \times 2.0 \times 230}{25} = 73.6 \leqslant 80$$

$$F_c = \frac{490}{1 + 0.000\,2\lambda^2} \frac{\pi d_1^2}{4} = \frac{490}{1 + 0.000\,2 \times 73.6^2} \frac{\pi \times 25^2}{4} = 115.45\,(\text{kN})$$

$$\frac{F_c}{Q} = \frac{115.45}{40} = 2.89$$

式中　　λ——螺杆长径比。

可得螺杆的稳定性合格。

（6）螺母的螺纹外径及凸缘设计。

螺纹外径：$D_2 \approx 1.5d = 48$ mm。

螺纹凸缘外径：$D_3 \approx 1.4D_2 = 68$ mm。

螺纹凸缘厚：$b = (0.2 \sim 0.3)H = 12 \sim 18$ mm，则取 $b = 15$ mm。

（7）手柄设计。

加在手柄上的力需要克服螺纹副之间相对转动的阻力矩和托杯支承面间的摩擦力矩。

加在手柄上的力为 $F = 300$ N，且

$$FL = T_1 + T_2$$

式中　　T_1——螺旋副间的摩擦阻力矩；

　　　　T_2——托杯与轴端支撑面的摩擦力矩。

可得

$$T_1 = Q\tan(\psi + \rho') \cdot \frac{d_2}{2} = 40 \times \tan(3.77 + 5.71) \times \frac{29}{2} = 96.85\,(\text{N} \cdot \text{m})$$

$$T_2 = \frac{1}{3}fQ\frac{[D - (2 \sim 4)]^3 - (D_1 + 2)^3}{[D - (2 \sim 4)]^2 - (D_1 + 2)^2} = \frac{1}{3} \times 0.12 \times 40 \times \frac{50^3 - 20^3}{50^2 - 20^2} = 89.14\,(\text{N} \cdot \text{m})$$

则

$$L = \frac{T_1 + T_2}{F} = \frac{96.85 + 89.14}{300} = 0.620(\,\mathrm{m}) = 620(\,\mathrm{mm})$$

故取 L 为 200 mm,加套筒长为 500 mm。

手柄直径

$$d_1 \geqslant 16 \ \mathrm{mm}$$

$$\sigma_\mathrm{s} = 225 \ \mathrm{MPa}$$

$$[\,\sigma\,]_\mathrm{b} = \frac{\sigma_\mathrm{s}}{1.5 \sim 2} = \frac{225}{1.5 \sim 2} = 112.5 \sim 150 \ (\mathrm{MPa})$$

则取 $[\sigma]_\mathrm{b} = 120$ MPa。

$$d_1 \geqslant \sqrt[3]{\frac{FL}{0.1[\,\sigma\,]_\mathrm{b}}} = \sqrt[3]{\frac{300 \times 620}{0.1 \times 120}} = 24.93(\,\mathrm{mm})$$

则取手柄直径 $d_1 = 26$ mm。

(8)底座设计。

螺杆下落到地面,需再留 20 ~ 30 mm 的空间,底座铸造起模斜度为 1∶10,厚度为 $\delta =$ 10 mm,则

$$S = (1.5 \sim 2)\delta = 20(\,\mathrm{mm})①$$

D_5 由结构设计确定,$D_5 = 130$ mm,即

$$D_4 = 1.4 D_5 = 1.4 \times 130 = 182(\,\mathrm{mm})$$

结构确定后校核底面的挤压应力为

$$\sigma_\mathrm{p} = \frac{Q}{\frac{\pi}{4}(D_4^2 - D_5^2)} = \frac{40\ 000}{\frac{\pi}{4}(182^2 - 130^2)} = 3.14(\,\mathrm{MPa})$$

千斤顶底座的支承底面材料选择铸铁 HT100,查《机械设计手册》得铸件壁厚为 30 ~ 50 mm 时,$\sigma_\mathrm{bc} = 80$ MPa,通过表 6.2 可得

$$[\,\sigma\,]_\mathrm{p} = 32 \sim 40 \ \mathrm{MPa}$$

则 $\sigma_\mathrm{p} \leqslant [\,\sigma\,]_\mathrm{p}$,满足设计要求。

---

① 本处最终数值是在计算范围内已选定好的,故等式最后用等号,下同。

（9）托杯及其余尺寸计算。

① 该机构的其余尺寸为

$$D_{\mathrm{T}} = (2.0 \sim 2.5)d = 70(\mathrm{mm})$$

$$D = (1.6 \sim 1.8)d = 54(\mathrm{mm})$$

$$D_1 = (0.6 \sim 0.8)d = 20(\mathrm{mm})$$

$$h = (0.8 \sim 1)D = 50(\mathrm{mm})$$

$$h_1 = (1.8 \sim 2)d_1 = 50(\mathrm{mm})$$

$$h_2 = (0.6 \sim 0.8)D_1 = 15(\mathrm{mm})$$

$$a = 8\ \mathrm{mm}$$

$$t = 8\ \mathrm{mm}$$

② 挡圈的选用。

螺杆底部的挡圈厚度 $\delta' = 5\ \mathrm{mm}$，外径 $d' = 36\ \mathrm{mm}$，用 M8 × 25 螺栓固定。

托杯在螺杆上的挡圈厚度 $\delta'' = 5\ \mathrm{mm}$，外径 $d'' = 24\ \mathrm{mm}$，用 M6 × 12 螺栓固定。

③ 紧定螺钉的选用。

在螺母与底座间，为防止螺母随螺杆转动，用紧定螺钉将其固定，选用开槽锥端紧定螺钉为

GB/T 71—2018 M8 × 20

4. 参考书目

［1］敖宏瑞,丁刚,闫辉主编. 机械设计基础(第6版). 哈尔滨:哈尔滨工业大学出版社,2022.

［2］王瑜,闫辉主编. 机械设计基础设计实践指导. 哈尔滨:哈尔滨工业大学出版社,2019.

第7章 轴系部件设计

轴系部件设计包括直齿圆柱齿轮减速器轴系部件设计和斜齿圆柱齿轮减速器轴系部件设计。

7.1 设计原始数据

1. 直齿圆柱齿轮减速器轴系部件设计

直齿圆柱齿轮减速器轴系部件设计的原始数据见表7.1。

表7.1 直齿圆柱齿轮减速器轴系部件设计的原始数据

数据	方案序号				
	1	2	3	4	5
输出轴功率 P/kW	5.2	4	5.8	3.8	6.3
输出轴转速 n/(r·min^{-1})	165	125	170	110	175
大齿轮齿数 z_2	99	85	81	77	83
齿轮模数 m/mm	2.5	3	3	3	3
大齿轮宽度 b/mm	65	80	80	80	80
半联轴器轮毂宽 L/mm	60	70	70	70	70

续表7.1

数据	方案序号				
	1	2	3	4	5
机器的工作环境	清洁	多尘	多尘	清洁	清洁
机器的载荷特性	微振	平稳	平稳	平稳	平稳
机器的工作年限班次	4年2班	4年2班	3年3班	4年2班	3年3班

注:联轴器孔径的标准系列:直径在 25 ~ 50 mm 范围内,以0、2、5、8结尾。

2. 斜齿圆柱齿轮减速器轴系部件设计

斜齿圆柱齿轮减速器轴系部件设计较直齿圆柱齿轮减速器轴系部件设计应增加的数据见表7.2。

表7.2 应增加的数据

数据	方案序号				
	1	2	3	4	5
中心距 a/mm	150	155	160	160	160
小齿轮的齿数 z_1	18	17	21	20	20

7.2 设计要求

(1) 轴系部件装配图一张(样图如图7.1和图7.2所示)。

(2) 设计说明书一份,包括输出轴、输出轴上的轴承及键的校核计算。

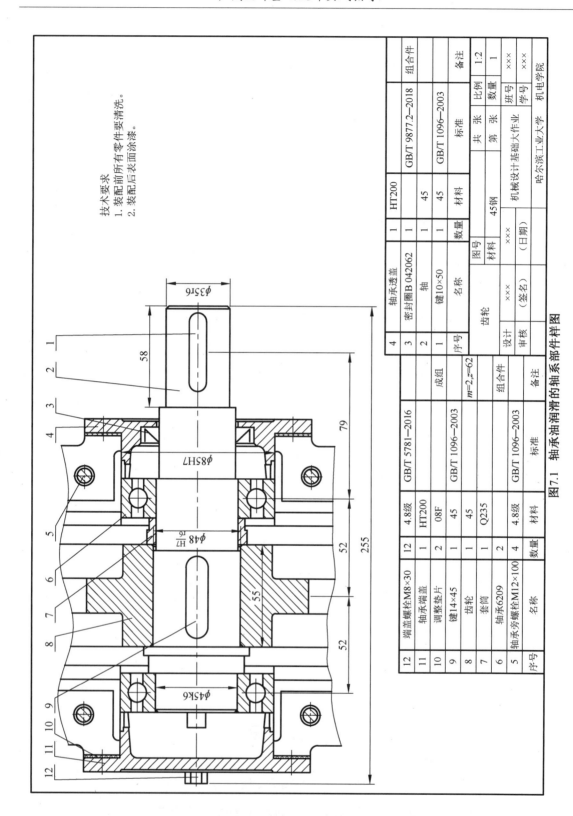

技术要求
1. 装配前所有零件要清洗。
2. 装配后表面涂漆。

图7.1 轴承油润滑的轴系部件样图

12	端盖螺栓M8×30	12	4.8级	GB/T 5781—2016	
11	轴承端盖	1	HT200		
10	调整垫片	2	08F		
9	键14×45	1	45	GB/T 1096—2003	成组
8	齿轮	1	45		$m=2, z=62$
7	套筒	1	Q235		
6	轴承6209	1		GB/T 1096—2003	组合件
5	轴承旁螺栓M12×100	4	4.8级		
序号	名称	数量	材料	标准	备注

4	轴承透盖	1	HT200	GB/T 9877.2—2018	组合件
3	密封圈B 042062	1			
2	轴	1	45		
1	键10×50	1	45	GB/T 1096—2003	备注
序号	名称	数量	材料	标准	

齿轮		图号	×××		共 张	第 张	比例	1:2
		材料	45钢		数量		1	
设计	×××	(签名)	(日期)	机械设计基础大作业	班号	×××	学号	×××
审核								

哈尔滨工业大学 机电学院

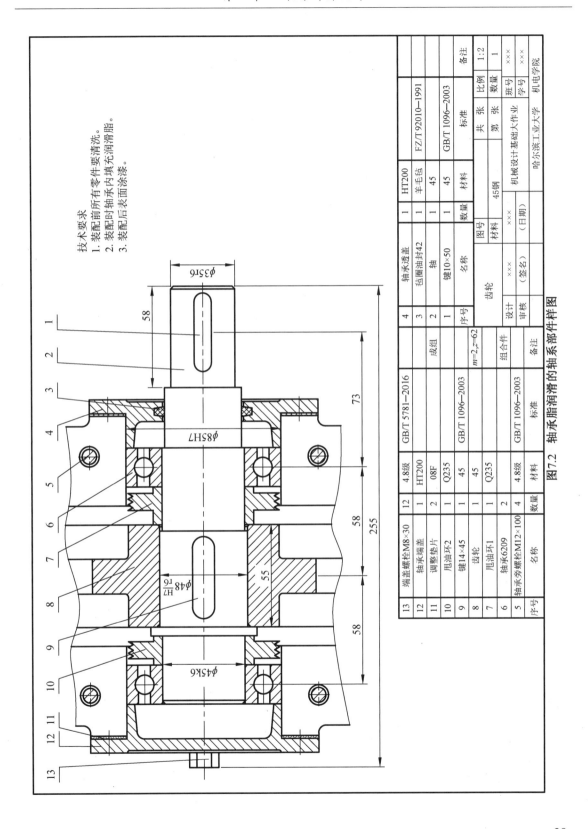

图7.2　轴承脂润滑的轴系部件样图

技术要求
1. 装配前所有零件要清洗。
2. 装配时的轴承内填充润滑脂。
3. 装配后表面涂漆。

4	轴承透盖	1	HT200				FZ/T 92010—1991	
3	毡圈油封42	1	羊毛毡					
2	轴	1	45					
1	键10×50	1	45				GB/T 1096—2003	
序号	名称	数量	材料				标准	备注

| | 齿轮 | | | 图号 | | ××× | | |
| | | | | 材料 | | 45钢 | | |

设计		×××		(签名)		(日期)		机械设计基础大作业		共　张	第　张	比例	1:2
审核												数量	1
										班号	×××		
										学号	×××		
									哈尔滨工业大学　机电学院			

13	端盖螺栓M8×30	12	4.8级		GB/T 5781—2016		
12	轴承端盖	1	HT200				
11	调整垫片	2	08F			成组	
10	甩油环2	1	Q235				
9	键14×45	1	45		GB/T 1096—2003		
8	齿轮	1	45				$m=2, z=62$
7	甩油环1	1	Q235			组合件	
6	轴承6209	2			GB/T 1096—2003		
5	轴承旁螺栓M12×100	4	4.8级		GB/T 1096—2003		
序号	名称	数量	材料		标准		备注

$\phi 35r6$
58
73
$\phi 85H7$
58
$\phi 48 \frac{H7}{r6}$
55
255
58
$\phi 45k6$

7.3 设计步骤

轴系部件的设计必须采用计算及绘图交叉、某些相关零件的设计同时进行的方法,步骤如下。

1. 确定轴上传动零件(齿轮)的结构及尺寸

根据已知条件确定轴上传动零件(齿轮)的结构及尺寸。

2. 初估轴径

按扭矩初算轴径,在考虑键槽时应增大直径,最后通过和联轴器标准孔径确定轴的最小直径。

3. 轴系部件结构设计

这一阶段要通过画图确定轴及轴承的结构和尺寸;布置各零件之间的相对位置;定出跨距;确定整个轴系部件的定位、固定、配合、调整、润滑及密封等。

(1)画出传动齿轮的中心线以及轮廓线、箱体内壁线;齿轮至箱体内壁的距离 $\Delta_1 \geqslant \delta$(图7.3),箱体壁厚 δ 与中心距有关,即 $\delta = 0.025a + 1 \geqslant 8$,$a$ 为齿轮传动中心距。

一级圆柱齿轮减速器应为左右对称,部件设计由中心向两边设计。一般两个轴承均取同一型号,使轴承座孔直径相同可在加工时一次镗出。

(2)轴承在轴承座孔中的位置取决于轴承的润滑方式。

① 当齿轮圆周速度不小于 2 m/s 时,轴承可依靠箱体内飞溅的润滑油润滑,这时下箱体剖分面上要设计油沟,以便润滑油流动。在端盖上开设 4 个缺口并将端盖端部直径取小些,如图7.4和图7.6所示,以便可使润滑油流入轴承。此时轴承外圈端面与箱体内壁距离 $\Delta_2 = 3 \sim 5$ mm,如图7.3和图7.4所示。

② 当齿轮圆周速度小于 2 m/s 时,轴承用润滑脂润滑,为避免润滑脂被箱体中的润滑油冲掉,这时轴承旁应加设甩油环。此时轴承外圈端面与箱体内壁距离应取大些,即 $\Delta_2 = 8 \sim 12$ mm,如图7.3和图7.5所示。

(3)阶梯轴的设计。

初估并确定轴的最小直径后,其他轴段直径的确定要考虑下列因素:

① 轴的加工工艺性。如不同精度和粗糙度的轴径分开,配合面和非配合面分开,不同配合

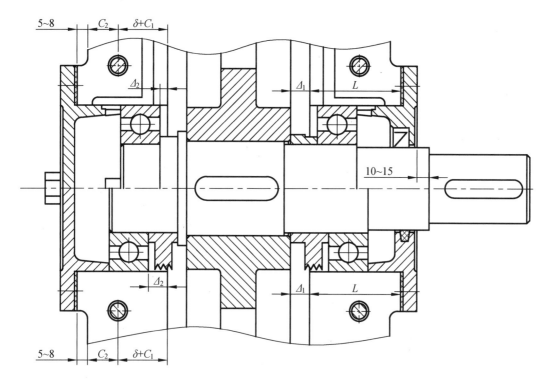

图 7.3　轴系部件结构图

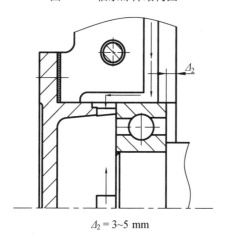

$\Delta_2 = 3{\sim}5$ mm

图 7.4　轴承用油润滑的结构图

种类轴径分开。

　　② 轴上零件安装的工艺性。凡零件经过的轴段一定要小于该零件孔径。

　　③ 轴上零件的轴向定位和固定。当采用轴肩定位时,轴肩应有一定高度 h 和适当的过渡圆角 r。

　　④ 轴上相配零件孔径大小。凡与标准件相配合的轴段的直径一定要符合标准件的孔径,如

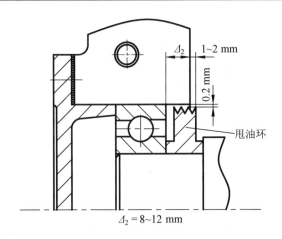

图 7.5　轴承用脂润滑的结构图

联轴器、密封圈、滚动轴承处的轴径。

⑤ 尽量减少应力集中。当轴径变化仅为了装配方便、区别加工表面、不承受轴向力也不固定轴上零件时,相邻直径尺寸变化不要太大,以减少应力集中、节省材料和减少加工量。

阶梯轴各轴段长度可根据轴上零件的相互位置、配合长度及支承结构等因素来确定。

(4) 键的设计。

根据轴径和轴段长度,查《机械设计手册》确定键的规格(键的截面尺寸和长度)。

(5) 轴承座的宽度 L(图 7.3)由箱体壁厚 δ、轴承旁连接螺栓的扳手空间 C_1 和 C_2 以及区别加工面与非加工面的加工凸台确定,即 $L = \delta + C_1 + C_2 + (5 \sim 8)$(mm)。 轴承旁连接螺栓的扳手空间的 C_1 和 C_2 取决于螺栓直径的大小,具体数值见表 7.3。区别加工面与非加工面的加工凸台高度一般取 $5 \sim 8$ mm。

表 7.3　螺栓的扳手空间 C_1 和 C_2 的数值　　　　　　　　　　　　　　　　　mm

螺栓直径 d	M8	M10	M12	M16	M20	M22	M24
$C_1 \geqslant$	13	16	18	22	26	30	34
$C_2 \geqslant$	11	14	16	20	24	25	28

(6) 轴承端盖设计。

凸缘式轴承端盖的结构及尺寸如图 7.6 所示。若轴承采用箱体中的润滑油润滑,则下箱体分箱面上要开设油沟,且轴承端盖上要开设进油槽,如图 7.6(d) 所示。图 7.6(e) 所示为含有进油槽的轴承端盖的立体图。

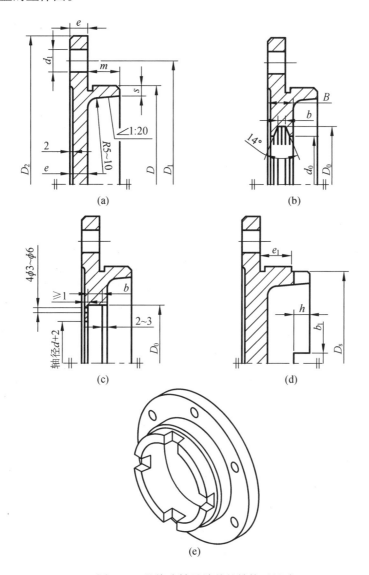

图 7.6　凸缘式轴承端盖的结构及尺寸

设 d_3 为端盖螺栓直径,D 为轴承外径,则

$$e = 1.2d_3$$

$$d_1 = 1.1d_3$$

$$D_2 = D + (5 \sim 5.5)d_3$$

$$D_1 = \frac{1}{2}(D + D_2)$$

图 7.6(a) 中, $m \geqslant 10$ mm, $s \approx$ 轴承外圈厚度。

B、b、D_0、d_0 由密封圈尺寸确定数值(查密封标准),计算可得

$$e_1 \geqslant 0.15D$$

$$D_s = D - (2 \sim 4) \text{mm}$$

$$b_1 = 8 \sim 10 \text{ mm}$$

$$h = (0.8 \sim 1)b_1$$

(7)轴的外伸长度与外接零件及轴承端盖结构要求有关,本作业要求联轴器端面(转动件)距轴承盖端面(不转动件)有 $10 \sim 15$ mm 距离(图 7.3)。

4. 轴、轴承及键的校核计算

确定了轴的结构、轴的支点及轴上零件受力的作用点后,需对轴、轴承及键进行校核计算。

(1)对轴进行受力分析,画出轴的受力简图、弯矩图和转矩图。

(2)校核轴的强度,验算滚动轴承寿命,校核键的强度。

校核计算若不合格,则需修改设计,直至轴的强度、滚动轴承寿命和键的强度均满足要求为止。

5. 轴系部件其他部分结构设计

(1)轴上其他零件设计。

根据工作需要,从结构上考虑进行轴上其他零件的设计,如套筒、甩油环等。甩油环推荐结构如图 7.7 所示。

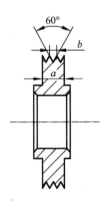

图 7.7　甩油环结构

($a = 6 \sim 9$ mm, $b = 2 \sim 3$ mm)

（2）油沟的设计。

轴承若采用箱体中的润滑油润滑，则应在上、下箱体的分箱面上开设油沟，以便使润滑油沿着油沟流入轴承。油沟的结构形式及尺寸如图7.8所示。

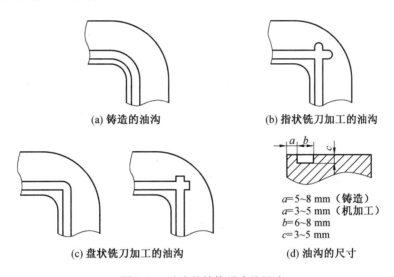

(a) 铸造的油沟　　　　　　　　(b) 指状铣刀加工的油沟

$a=5\sim 8$ mm（铸造）
$a=3\sim 5$ mm（机加工）
$b=6\sim 8$ mm
$c=3\sim 5$ mm

(c) 盘状铣刀加工的油沟　　　　　　(d) 油沟的尺寸

图7.8　油沟的结构形式及尺寸

（3）轴承旁连接螺栓位置的设计。

轴承旁连接螺栓距箱体内壁为 $\delta + C_1$，且在端盖的径向方向与端盖相切，如图7.3所示。

6. 完成轴系部件装配图

装配图是反映各零件相互关系、结构形状和尺寸的图，是绘制零件工作图和组装、调整、维护机器的技术依据。因此一张完整的装配图，除需有足够的视图外，还必须有必要的尺寸及其偏差、技术要求、零件编号与明细表、标题栏等。简略说明如下。

（1）标注尺寸：装配图需要标注的尺寸有外形尺寸（长、宽、高）、配合尺寸、安装尺寸（轴外伸端直径及长度）和特性尺寸。本作业尺寸及其偏差的标注示例如图7.1和图7.2所示。

（2）技术要求：主要是对在视图上无法表示的装配、调整、检验、维护等方面的要求。对轴系部件主要是关于润滑、密封、轴向间隙调整等方面的要求。具体可参考图7.1和图7.2提出的要求。

7.4　设计说明

（1）采用 A2 图纸，按照 1∶1 比例绘图。

（2）取箱体壁厚 $\delta = 8$ mm。

（3）端盖螺栓取 M8。

（4）轴承旁连接螺栓取 M12。

7.5　轴系部件设计示例

本例题是设计带式运输机中一级齿轮减速器的输出轴轴系部件。已知输出轴功率 $P = 2.74$ kW，转矩 $T = 289\,458$ N·mm，转速 $n = 90.4$ r/min，圆柱齿轮分度圆直径 $d = 253.643$ mm、齿宽 $b = 62$ mm，圆周力 $F_t = 2\,282.4$ N，径向力 $F_r = 849.3$ N，轴向力 $F_a = 485.1$ N，载荷平稳，单向转动，工作环境清洁，两班工作制，使用 5 年，大批量生产。

1. 选择轴的材料

因传递功率不大，且对质量及结构尺寸无特殊要求，故选用常用材料 45 钢，调质处理。

2. 计算轴径

初算轴径 d_{min}，并根据相配联轴器的尺寸确定轴径 d_1 和长度 L_1。

对于转轴，按扭转强度初算轴径，由参考书目［1］得 $C = 106 \sim 118$，考虑轴端弯矩比转矩小，故取 $C = 106$，则

$$d_{min} = C\sqrt[3]{\frac{P}{n}} = 106 \times \sqrt[3]{\frac{2.74}{90.4}} = 33.05\,(\text{mm})$$

考虑键槽的影响，取 $d_{min} = 33.05 \times 1.05 = 34.70\,(\text{mm})$。

为了补偿联轴器所连接的两轴的安装误差，隔离振动，选用弹性柱销联轴器。查参考书目［1］得 $K_A = 1.5$，则计算转矩 $T_c = K_A T = 1.5 \times 289\,458$ N·m = $434\,187$ N·mm。由参考书目［3］中的表 13.1 可以查得 GB/T 5014—2003 中的 LX3 型弹性柱销联轴器符合要求，其参数为：公称转矩为 $1\,250$ N·m，许用转速为 $4\,750$ r/min，轴孔直径范围为 $30 \sim 38$ mm。考虑 $d_{min} = 34.07$ mm，故取联轴器轴孔直径为 35 mm、轴孔长度为 60 mm、J 型轴孔、A 型键。相应地，轴段 ①（图 7.9）的直径 $d_1 = 35$ mm，轴段 ① 的长度应比联轴器主动端轴孔长度略短，故取 $l_1 = 58$ mm。

3. 结构设计

(1) 确定轴承部件机体的结构形式及主要尺寸。

为方便轴承部件的装拆,铸造机体采用剖分式结构(图7.9),取机体的铸造壁厚 $\delta = 8$ mm,机体上轴承旁连接螺栓直径为12 mm,装拆螺栓所需要的扳手空间 $C_1 = 18$ mm、$C_2 = 16$ mm,故轴承座内壁至座孔外端面距离 $L = \delta + C_1 + C_2 + (5 \sim 8) = 47 \sim 50$ mm,取 $L = 50$ mm。

(2) 确定轴的轴向固定方式。

因为一级齿轮减速器输出轴的跨距不大,且工作温度变化不大,故轴的轴向固定采用两端固定方式(图7.10(a))。

(3) 选择滚动轴承类型,并确定其润滑与密封方式。

因为轴受轴向力作用,故选用角接触球轴承支承。因为齿轮的线速度 $v = \dfrac{\pi d n}{60 \times 1\,000} = \dfrac{\pi \times 253.643 \times 90.4}{60 \times 1\,000} = 1.2$(m/s) < 2(m/s),齿轮转动时飞溅的润滑油不足于润滑轴承,故滚动轴承采用脂润滑。因为该减速器的工作环境清洁,脂润滑,密封处轴颈的线速度较低,故滚动轴承采用毡圈密封,并在轴上安置挡油板(图7.9)。

(4) 轴的结构设计。

在本例题中有6个轴段的阶梯轴,轴的径向尺寸(直径)确定是以外伸轴径 d_1 为基础,同时考虑轴上零件的受力情况、轴上零件的装拆与定位固定、轴与标准件孔径的配合、轴的表面结构及加工精度等要求,逐一确定其余各轴段的直径;而轴的轴向尺寸(长度)确定,则要考虑轴上零件的位置、配合长度、支承结构情况、动静件间的距离要求等因素,通常从与传动件相配的轴段开始,然后向两边展开。

根据以上要求,确定各轴段的直径为:$d_1 = 35$ mm、$d_2 = 40$ mm、$d_3 = 45$ mm、$d_4 = 48$ mm、$d_5 = 55$ mm、$d_6 = 45$ mm。

根据轴承的类型和轴径 d_3,初选滚动轴承型号为7209C,其基本尺寸是:$d = 45$ mm,$D = 85$ mm,$B = 19$ mm,$a = 18.2$ mm。因为轴承选用脂润滑,轴上安置挡油板,所以轴承内端面与机体内壁间要有一定距离 Δ,取 $\Delta = 10$ mm。

为避免齿轮与机体内壁相碰,在齿轮端面与机体内壁间留有足够的间距 H,取 $H = 15$ mm。采用凸缘式轴承盖,其凸缘厚度 $e = 10$ mm。为避免联轴器轮毂端面与轴承盖连接螺栓头相碰,并便于轴承盖上螺栓的装拆，联轴器轮毂端面与轴承盖间应有足够的间距 K，取 $K = 20$ mm。

在确定齿轮、机体、轴承、轴承盖、联轴器的相互位置和尺寸后，即可从轴段 ④ 开始，确定各轴段的长度。

轴段 ④ 的长度 L_4 要比相配齿轮轮毂长度 b 略短，取 $L_4 = b - 2 = 60(\text{mm})$；

轴段 ③ 的长度 $L_3 = H + \Delta + B + 2 = 15 + 10 + 19 + 2 = 46(\text{mm})$；

轴段 ② 的长度 $L_2 = (L - B - \Delta) + e + K = (50 - 19 - 10) + 10 + 20 = 51(\text{mm})$；

轴段 ① 的长度 $L_1 = 58$ mm；

轴段 ⑤ 的长度 L_5 就是轴环的宽度 m，按经验公式 $m = 1.4h = 1.4(d_s - d_4)/2 = 1.4 \times (55 - 48)/2 = 4.9(\text{mm})$，适度放大，取 $L_5 = 14$ mm；

轴段 ⑥ 的长度 $L_6 = (H + \Delta + B) - L_5 = (15 + 10 + 19) - 14 = 30(\text{mm})$。

进而，轴的支点及受力点间的跨距也随之确定下来。7209C 轴承力的作用点距外座圈大边距离 $a = 18.2$ mm，取该点为支点。取联轴器轮毂长度中间为力作用点，则可得跨距 $l_1 = 99.2$ mm，$l_2 = 56.8$ mm，$l_3 = 56.8$ mm。

（5）键连接设计。

联轴器及齿轮与轴的轴向连接均采用 A 型普通平键连接，分别为键 10×56（GB/T 1096—2003）及键 14×56（GB/T 1096—2003）。

完成的结构设计草图如图 7.9 所示。

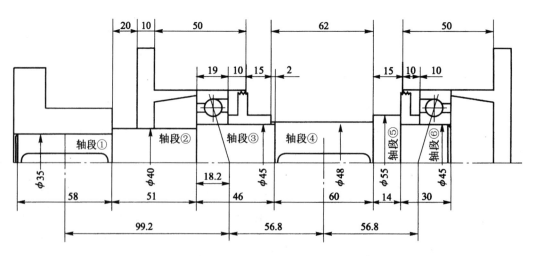

图 7.9 轴的结构设计

4. 轴的受力

轴的受力分析如图 7.10 所示。

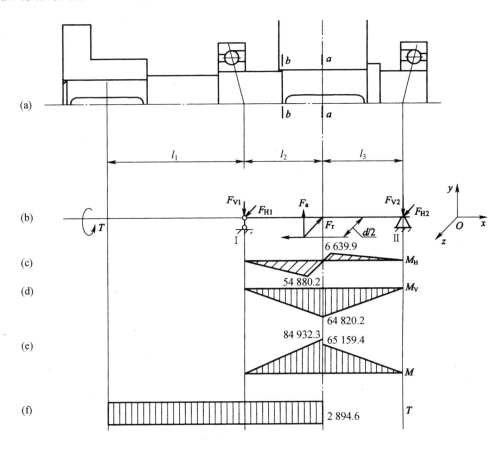

图 7.10　轴的受力分析

(1) 画轴的受力简图(图 7.10(b))。

(2) 计算支承反力。

在水平面上

$$F_{H1} = \frac{F_r l_3 + F_a d/2}{l_2 + l_3} = \frac{849.3 \times 56.8 + 485.1 \times 253.634/2}{56.8 + 56.8} = 966.2(\text{N})$$

$$F_{H2} = F_r - F_{H1} = 849.3 - 966.2 = -116.9(\text{N})$$

负值表示力 F_{H2} 的方向与受力简图中所设方向相反。

在垂直平面上

$$F_{V1} = F_{V2} = \frac{F_t}{2} = \frac{2\ 282.4}{2} = 1\ 141.2(\text{N})$$

则轴承 I 的总支承反力为

$$F_{R1} = \sqrt{F_{H1}^2 + F_{V1}^2} = \sqrt{966.2^2 + 1\,141.2^2} = 1\,495.3(N)$$

轴承 II 的总支承反力为

$$F_{R2} = \sqrt{F_{H2}^2 + F_{V2}^2} = \sqrt{(-116.9)^2 + 1\,141.2^2} = 1\,147.2(N)$$

(3)画弯矩图(图 7.10(c)、(d)、(e))。

在水平面上,$a—a$ 剖面左侧

$$M_{aH} = F_{H1}l_2 = 966.2 \times 56.8 = 548\,880.2(N \cdot mm)$$

$a—a$ 剖面右侧

$$M'_{aH} = F_{H2}l_3 = 116.9 \times 56.8 = 6\,639.9(N \cdot mm)$$

在垂直平面上,弯矩为

$$M_{aV} = M'_{aV}F_{V1}L_2 = 1\,141.2 \times 56.8 = 64\,820.2(N \cdot mm)$$

合成弯矩,$a—a$ 剖面左侧

$$M_a = \sqrt{M_{aH}^2 + M_{aV}^2} = \sqrt{54\,880.2^2 + 64\,820.2^2} = 84\,932.3(N \cdot mm)$$

$a—a$ 剖面右侧

$$M'_a = \sqrt{M'^2_{aH} + M'^2_{aV}} = \sqrt{6\,639.9^2 + 64\,820.2^2} = 65\,159.4(N \cdot mm)$$

(4)画转矩图(图 7.10(f))。

$$T = 289\,458\ N \cdot mm$$

5. 校核轴的强度

在 $a—a$ 剖面左侧,因弯矩大会产生转矩,还有键槽引起的应力集中,故 $a—a$ 剖面左侧为危险剖面。

根据参考书目[1]或《机械设计手册》查得,抗弯截面模量为

$$W = 0.1d^3 - \frac{bt(d-t)^2}{2d}$$

式中　　d——$a—a$ 截面轴的直径,mm;

　　　　b—— 键槽宽度,$b = 14$ mm;

　　　　t—— 键槽深度,$t = 5.5$ mm。

代入数值,可得

$$W = 0.1\,d^3 - \frac{bt\,(d-t)^2}{2d} = 0.1 \times 48^3 - \frac{14 \times 5.5 \times (48 - 5.5)^2}{2 \times 48} = 9\,610\,(\mathrm{mm}^3)$$

同理,可得抗扭截面模量为

$$W_\mathrm{T} = 0.2\,d^3 - \frac{bt\,(d-t)^2}{2d} = 0.2 \times 48^3 - \frac{14 \times 5.5 \times (48 - 5.5)^2}{2 \times 48} = 20\,669\,(\mathrm{mm}^3)$$

弯曲应力为

$$\sigma_\mathrm{b} = \frac{M}{W} = \frac{84\,931.87}{9\,610} = 8.838\,(\mathrm{MPa})$$

$$\sigma_\mathrm{a} = \sigma_\mathrm{b} = 8.838\,(\mathrm{MPa})$$

$$\sigma_\mathrm{m} = 0$$

扭剪应力为

$$\tau_\mathrm{T} = \frac{T}{W_\mathrm{T}} = \frac{289\,458}{20\,669} = 14.00\,(\mathrm{MPa})$$

$$\tau_\mathrm{a} = \tau_\mathrm{m} = \frac{\tau_\mathrm{T}}{2} = \frac{14}{2} = 7\,(\mathrm{MPa})$$

对于调质处理的 45 钢,由参考书目[1]中表 11.2 或《机械设计手册》可以查得 $\sigma_\mathrm{b} = 650\ \mathrm{MPa}, \sigma_{-1} = 300\ \mathrm{MPa}, \tau_{-1} = 155\ \mathrm{MPa}$。

对于一般用途的转轴,按弯扭合成强度进行校核计算。

对于单向转动的转轴,通常转矩按脉动循环处理,故取折合系数 $\alpha = 0.6$,则当量应力为

$$\sigma_\mathrm{e} = \sqrt{\sigma_\mathrm{b}^2 + 4\,(\alpha\tau)^2} = \sqrt{8.838^2 + 4 \times (0.6 \times 14.00)^2} = 18.98\,(\mathrm{MPa})$$

已知轴的材料为 45 钢,调质处理,由参考书目[1]得 $\sigma_\mathrm{b} = 650\ \mathrm{MPa}$、$[\sigma]_{-1\mathrm{b}} = 60\ \mathrm{MPa}$。显然 $\sigma_\mathrm{e} < [\sigma]_{-1\mathrm{b}}$,故轴的 a—a 剖面左侧的强度满足要求。

6. 校核键连接的强度

联轴器处键连接的挤压应力为

$$\sigma_\mathrm{p} = \frac{4T}{dhl}$$

式中　　d—— 键连接处轴径,mm;

　　　　T—— 传递的转矩,N·mm;

　　　　h—— 键的高度,$h = 8$ mm;

　　　　l—— 键连接的计算长度,mm。

$l = L - b = (56 - 10)\,\text{mm} = 46\,\text{mm}$，则

$$\sigma_\text{p} = \frac{4T}{dhl} = \frac{4 \times 289\,458}{35 \times 8 \times (56 - 10)} = 89.89\,(\text{MPa})$$

选取键、轴及联轴器的材料均为钢，由参考书目［1］得 $[\sigma]_\text{p} = 120 \sim 150\,\text{MPa}$。显然 $\sigma_\text{p} < [\sigma]_\text{p}$，故强度足够。

同理，可得齿轮处键连接的挤压应力为

$$\sigma_\text{p} = \frac{4T}{dhl} = \frac{4 \times 289\,458}{48 \times 9 \times (56 - 14)} = 63.81\,(\text{MPa})$$

选取键、轴及齿轮的材料均为钢，已查得 $[\sigma]_\text{p} = 120 \sim 150\,\text{MPa}$，显然 $\sigma_\text{p} < [\sigma]_\text{p}$，故强度足够。

7. 校核轴承寿命

由《机械设计手册》查得 7209C 轴承的 $C_\text{r} = 29\,800\,\text{N}$、$C_0 = 23\,800\,\text{N}$。

（1）计算轴承的轴向力。

轴承 Ⅰ、Ⅱ 内部轴向力分别为

$$S_1 = 0.4F_\text{r1} = 0.4F_\text{R1} = 0.4 \times 1\,529.6 = 611.8\,(\text{N})$$

$$S_2 = 0.4F_\text{r2} = 0.4F_\text{R2} = 0.4 \times 1\,153.7 = 461.5\,(\text{N})$$

S_1 及 S_2 的方向如图 7.11 所示。S_2 与 A 同向，则

$$S_2 + A = (461.5 + 485.1)\,\text{N} = 946.6\,\text{N}$$

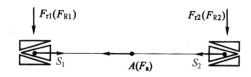

图 7.11　轴承布置及受力

显然，$S_2 + A > S_1$，因此，轴有左移趋势。但由轴承部件的结构图分析可知，轴承 Ⅰ 将使轴保持平衡，故两轴承的轴向力分别为

$$F_\text{a1} = S_2 + A = 946.6\,(\text{N})$$

$$F_\text{a2} = S_2 = 461.5\,(\text{N})$$

比较两轴承的受力，因 $F_\text{r1} > F_\text{r2}$ 及 $F_\text{a1} > F_\text{a2}$，故只需校核轴承 Ⅰ。

（2）计算当量动载荷。

由 $\dfrac{F_\text{a1}}{C_0} = \dfrac{946.6}{23\,800} = 0.040$，由参考书目［1］得 $e = 0.41$。

因为$\dfrac{F_{a1}}{F_{r1}} = \dfrac{946.6}{1\,529.6} = 0.62 > e$,所以 $X = 0.44$、$Y = 1.36$。

当量动载荷为

$$P_r = XF_{r1} + YF_{a1} = 0.44 \times 1\,529.6 + 1.36 \times 946.6 = 1\,960.4(\text{N})$$

(3) 校核轴承寿命。

轴承在 100 ℃ 以下工作,由参考书目[1]得 $f_T = 1$;载荷平稳,由参考书目[1]得 $f_P = 1.5$。

轴承 Ⅰ 的寿命为

$$L_h = \frac{10^6}{60n}\left(\frac{f_T\,C_r}{f_P P_r}\right)^3 = \frac{10^6}{60 \times 90.4}\left(\frac{1 \times 29\,800}{1.5 \times 1\,960.4}\right)^3 = 1.9 \times 10^5(\text{h})$$

已知减速器使用 5 年,两班工作制,则预期寿命为

$$L_h' = 8 \times 2 \times 300 \times 5 = 24\,000(\text{h})$$

显然,$L_h \gg L_h'$,故障轴承寿命很充裕。

8. 轴系部件装配图

绘制轴系部件装配图如图 7.2 所示。

9. 参考书目

[1] 敖宏瑞,丁刚,闫辉主编. 机械设计基础(第 6 版). 哈尔滨:哈尔滨工业大学出版社,2022.

[2] 王瑜,闫辉主编. 机械设计基础设计实践指导. 哈尔滨:哈尔滨工业大学出版社,2019.

[3] 宋宝玉主编. 机械设计课程设计指导书(第 2 版). 北京:高等教育出版社,2016.

第8章 机械设计常用标准和其他设计资料

8.1 机械设计基础设计实践指导中可能用到的材料参数

机械设计基础设计实践指导中可能用到的材料参数见表8.1～8.7。

表8.1 碳素结构钢力学性能(摘自 GB/T 700—2006)

牌号	质量等级	机械性能						抗拉强度极限 σ_b/ (N·mm^{-2})	伸长率 δ_5/% 不小于	应用举例
		屈服极限 σ_s/(N·mm^{-2})								
		材料厚度(直径)/mm (大于～至)								
		≤16	>16～40	>40～60	>60～100	>100～150	>150			
Q195	—	195	185					315～390	33	不重要的钢结构及农机零件等
Q215	A	215	205	195	185	175	165	335～410	31	
	B									

54

续表 8.1

牌号	质量等级	机械性能						抗拉强度极限 σ_b/ $(N \cdot mm^{-2})$	伸长率 δ_5/% 不小于	应用举例
		屈服极限 σ_s/$(N \cdot mm^{-2})$								
		材料厚度(直径)/mm （大于 ~ 至）								
		≤ 16	> 16 ~ 40	> 40 ~ 60	> 60 ~ 100	> 100 ~ 150	> 150			
Q235	A	235	225	215	205	195	185	375 ~ 460	26	一般轴及零件
	B									
	C									
	D									
Q255	A	255	245	235	225	215	205	410 ~ 510	24	
	B									
Q275	—	275	265	255	245	235	225	490 ~ 610	20	车轮、钢轨、农机零件

注:① 伸长率为材料厚度(直径) ≤ 16 mm 时的性能,按 σ_s 栏尺寸分段,每一段 δ_5% 值降低 1 个值。

② A 级不做冲击试验;B 级做常温冲击试验;C、D 级重要焊接结构用。

表 8.2　优质碳素结构钢力学性能（摘自 GB/T 699—2015）

序号	牌号	推荐的热处理制度			力学性能					交货硬度 HBW	
		正火	淬火	回火	抗拉强度 Rm /MPa	下屈服强度 R.L /MPa	断后伸长率 A /%	断面收缩率 Z /%	冲击吸收能量 KU₂ /J	未热处理钢	退火钢
		加热温度 /℃			≥					≤	
1	08	930	—	—	325	195	33	60	—	131	—
2	10	930	—	—	335	205	31	55	—	137	—
3	15	920	—	—	375	225	27	55	—	143	—
4	20	910	—	—	410	245	25	55	—	156	—
5	25	900	870	600	450	275	23	50	71	170	—
6	30	880	860	600	490	295	21	50	63	179	—
7	35	870	850	600	530	315	20	45	55	197	—
8	40	860	840	600	570	335	19	45	47	217	187
9	45	850	840	600	600	355	16	40	39	229	197
10	50	830	830	600	630	375	14	40	31	241	207
11	55	820	—	—	645	380	13	35	—	255	217
12	60	810	—	—	675	400	12	35	—	255	229
13	65	810	—	—	695	410	10	30	—	255	229
14	70	790	—	—	715	420	9	30	—	269	229

注：① 表中机械性能是试样毛坯尺寸为 25 mm 的值。

② 热处理保温时间为：正火不小于 30 min；淬火不小于 30 min；回火不小于 1 h。

表 8.3　一般工程用灰铸铁件力学性能（摘自 GB/T9439—2010）

牌号	铸件壁厚 /mm		最小抗拉强度 Rm（强制性值）		铸件本体预期最小抗拉强度 Rm /MPa
	>	≤	单铸试棒 /MPa	附铸试棒或试块 /MPa	
HT100	5	40	100	—	—
HT150	5	10	150	—	155
	10	20		—	130
	20	40		120	110
	40	80		110	95
	80	150		100	80
	150	300		90	—
HT200	5	10	200	—	205
	10	20		—	180
	20	40		170	155
	40	80		150	130
	80	150		140	115
	150	300		130	—
HT225	5	10	225	—	230
	10	20		—	200
	20	40		190	170
	40	80		170	150
	80	150		155	135
	150	300		145	—
HT250	5	10	250	—	250
	10	20		—	225
	20	40		210	195
	40	80		190	170
	80	150		170	155
	150	300		160	—

续表8.3

牌号	铸件壁厚 /mm		最小抗拉强度 Rm(强制性值)		铸件本体预期 最小抗拉强度 Rm /MPa
	>	≤	单铸试棒 /MPa	附铸试棒或试块 /MPa	
HT275	10	20	275	—	250
	20	40		230	220
	40	80		205	190
	80	150		190	175
	150	300		175	—
HT300	10	20	300	—	270
	20	40		250	240
	40	80		220	210
	80	150		210	195
	150	300		190	—
HT350	10	20	350	—	315
	20	40		290	280
	40	80		260	250
	80	150		230	225
	150	300		210	—

注:① 当铸件壁厚超过300 mm时,其力学性能由供需双方商定。

② 当某牌号的铁液浇往壁厚均匀、形状简单的铸件时,壁厚变化引起抗拉强度的变化,可从本表查出参考数据,当铸件壁厚不均匀,或有型芯时,此表只能给出不同壁厚处大致的抗拉强度值,铸件的设计应根据关键部位的实测值进行。

③ 铸件本体预期抗拉强度值不作为强制性值。

表 8.4　铸造铜合金(摘自 GB/T 1176—2013)

序号	合金牌号	铸造方法	室温力学性能,不低于			
			抗拉强度 R_m/MPa	屈服强度 $R_{p0.2}$/MPa	伸长率 A/%	布氏硬度 HBW
1	ZCu99	S	150	40	40	40
2	ZCuSn3Zn8Pb6Ni1	S	175	—	8	60
		J	215	—	10	70
3	ZCuSn3Zn11Pb4	S、R	175	—	8	60
		J	215	—	10	60
4	ZCuSn5Pb5Zn5	S、J、R	200	90	13	60 *
		Li、La	250	100	13	65 *
5	ZCuSn10P1	S、R	220	130	3	80 *
		J	310	170	2	90 *
		Li	330	170	4	90 *
		La	360	170	6	90 *
6	ZCuSn10Pb5	S	195	—	10	70
		J	245	—	10	70
7	ZCuSn10Zn2	S	240	120	12	70 *
		J	245	140	6	80 *
		Li、La	270	140	7	80 *
8	ZCuPb9Sn5	La	230	110	11	60
9	ZCuPblOSn10	S	180	80	7	65 *
		J	220	140	5	70 *
		Li、La	220	110	6	70 *
10	ZCuPbI5Sn8	S	170	80	5	60 *
		J	200	100	6	65 *
		Li、La	220	100	8	65 *
11	ZCuPb17Sn4Zn4	S	150	—	5	55
		J	175	—	7	60
12	ZCuPb20Sn5	S	150	60	5	45
		J	150	70	6	55
		La	180	80	7	55

续表8.4

序号	合金牌号	铸造方法	室温力学性能,不低于			
			抗拉强度 Rm/MPa	屈服强度 Rp0.2/MPa	伸长率 A/%	布氏硬度 HBW
13	ZCuPb30	J	—	—	25	—
14	ZCuAl8Mn13Fe3	S	600	270	15	160
		J	650	280	10	170
15	ZCuAl8Mn13Fe3Ni2	S	645	280	20	160
		J	670	310	18	170
16	ZCuAl8Mn14Fe3Ni2	S	735	280	15	170
17	ZCuAl9Mn2	S、R	390	150	20	85
		J	440	160	20	95
18	ZCuAl8BeICo1	S	647	280	15	160
19	ZCuAl9Fe4Ni4Mn2	S	630	250	16	160
20	ZcuAl10Fe4Ni4	S	539	200	5	155
		J	588	235	5	166
21	ZCuAl10Fe3	S	490	180	13	100*
		J	540	200	15	110*
		Li、La	540	200	15	110*
22	ZCuAl10Fe3Mn2	S、R	490	—	15	110
		J	540	—	20	120
23	ZCuZn38	S	295	95	30	60
		J	295	95	30	70
24	ZCuZn21AI5Fe2Mn2	S	608	275	15	160
25	ZCuZn25AI6Fe3Mn3	S	725	380	10	160*
		J	740	400	7	170*
		Li、La	740	400	7	170*
26	ZCuZn26Al4Fe3Mn3	S	600	300	18	120*
		J	600	300	18	130*
		Li、La	600	300	18	130*
27	ZCuZn31AI2	S、R	295	—	12	80
		J	390	—	15	90

续表8.4

序号	合金牌号	铸造方法	室温力学性能,不低于			
			抗拉强度 Rm/MPa	屈服强度 $Rp_{0.2}$/MPa	伸长率 A/%	布氏硬度 HBW
28	ZCuZn35Al2Mn2Fe2	S	450	170	20	100*
		J	475	200	18	110*
		Li、La	475	200	18	110*
29	ZCuZn38Mn2Pb2	S	245	—	10	70
		J	345	—	18	80
30	ZCuZn40Mn2	S、R	345	—	20	80
		J	390	—	25	90
31	ZCuZn40Mn3Fe1	S、R	440	—	18	100
		J	490	—	15	110
32	ZCuZn33Pb2	S	180	70	12	50*
33	ZCuZn40Pb2	S、R	220	95	15	80*
		J	280	120	20	90*
34	ZCuZn16Si4	S、R	345	180	15	90
		J	390	—	20	100
35	ZCuNi10Fe1Mn1	S、J、Li、La	310	170	20	100
36	ZCuNi30Fe1Mn1	S、J、Li、La	415	220	20	140

注:① 有"＊"符号的数据为参考值。

② 合金铸造方法代号:S——砂型铸造;J——金属型铸造;La——连续铸造;Li——离心铸造;R——熔模

铸造。

③ 按 CB/T 8063—2017 中规定,采用合金中主要元素的质量分数命名,如 5 - 5 - 5 锡青铜、38 黄

铜、25 - 6 - 3 - 3 铝黄铜等。

表 8.5 工程塑料

品种		机械性能							热性能				应用举例
		抗拉强度/MPa	抗压强度/MPa	抗弯强度/MPa	延伸率/%	冲击值/(kJ·m⁻²)	弹性模量/(×10³ MPa)	硬度	熔点/℃	马丁耐热/℃	脆化温度/℃	线胀系数/(×10⁻⁵℃⁻¹)	
尼龙6	干态	55	88.2	98	150	带缺口3	0.254	114 HRR	215~223	40~50	-20~-30	7.9~8.7	机械强度和耐磨性优良,广泛用于制造机械、化工及电气零件。如轴承、齿轮、凸轮、蜗轮、螺钉、螺母、垫圈等。尼龙粉喷涂于零件表面,可提高耐磨性和密封性
	含水	72~76.4	58.2	68.8	250	>53.4	0.813	85 HRR		—	—	—	
尼龙66	干态	46	117	98~107.8	60	3.8	0.313~0.323	118 HRR	265	50~60	-25~-30	9.1~10	
	含水	81.3	88.2	—	200	13.5	0.137	100 HRR		—	—	—	
MC尼龙(无填充)		90	105	156	20	无缺口0.520~0.624	3.6	21.3 HBS	—	55		8.3	强度特高。用于制造大型齿轮、蜗轮、轴套、滚动轴承保持架、导轨、大型阀门密封面等
聚甲醛(POM)		69(屈服)	125	96	15	带缺口0.0076	2.9(弯曲)	17.2 HBS	—	60~64	—	8.1~10.0(当温度在0~40℃时)	有良好的摩擦、磨损性能,干摩擦性能更优。可制造轴承、齿轮、凸轮、滚轮、辊子、垫圈、垫片等
聚碳酸酯(PC)		65~69	82~86	104	100	带缺口0.064~0.075(拉伸)	2.2~2.5	9.7~10.4 HBS	220~230	110~130	-100	6~7	有高的冲击韧性和优异的尺寸稳定性。可制作齿轮、蜗轮、蜗杆、齿条、凸轮、心轴、轴承、滑轮、铰链、传动链、螺栓、螺母、垫圈、铆钉、泵叶轮等

注:由于尼龙6和尼龙66吸水性很大,因此其各项性能差别很大。

表 8.6　工业用毛毡(摘自 FZ/T 25001—2012)

类　型	牌　号	断裂强度 /MPa	断裂时延伸率 /% ≤	应用举例
细毛	T112 – 25 ~ 44	2 ~ 5	90 ~ 144	
半粗毛	T122 – 24 ~ 38	2 ~ 4	95 ~ 150	用作密封、防漏油、振动缓冲衬垫等
粗毛	T132 – 23 ~ 36	2 ~ 3	110 ~ 156	

注:毛毡的厚度公称尺寸为 1.5 mm、2 mm、3 mm、4 mm、5 mm、6 mm、8 mm、10 mm、12 mm、14 mm、16 mm、18 mm、20 mm、25 mm;宽度尺寸为 0.5 ~ 1.9 m。

表 8.7　软钢纸板(摘自 QB/T2200—1996)　　　　　　　　　　　mm

厚　度		长 × 宽		备　注
公称尺寸	偏差	公称尺寸	偏差	
0.5 ~ 0.8	± 0.12	920 × 650		① 软钢纸板经甘油、蓖麻油处理,适用于制作密封连接处的垫片; ② 有关的物理和机械性能及试验方法参见标准 QB 365—1963
0.9 ~ 1.0	± 0.15	650 × 490	± 10	
1.1 ~ 2.0	± 0.15	650 × 400		
2.1 ~ 3.0	± 0.20	400 × 300		

8.2 齿轮传动设计中可能用到的参数

齿轮传动设计中可能用到的参数见表8.8 ~ 8.10,以及图8.1 ~ 8.8。

表8.8 齿轮材料力学性能及应用范围

材料牌号	热处理方法	力 学 性 能			应 用 范 围
		强度极限 σ_b/MPa	屈服极限 σ_s/MPa	硬度 HBW、HRC 或 HV	
45	正火	580	290	162 ~ 217HBW	低中速、中载的非重要齿轮
	调质	640	350	217 ~ 255HBW	低中速、中载的重要齿轮
	调质 - 表面淬火	—	—	40 ~ 50HRC (齿面)	高速、中载而冲击较小的齿轮
40Cr	调质	700	500	241 ~ 286HBW	低中速、中载的重要齿轮
	调质 - 表面淬火	—	—	48 ~ 55HRC (齿面)	高速、中载、无剧烈冲击的齿轮
38SiMnMo	调质	700	550	217 ~ 269HBW	低中速、中载的重要齿轮
	调质 - 表面淬火	—	—	45 ~ 55HRC (齿面)	高速、中载、无剧烈冲击的齿轮

续表8.8

材料牌号	热处理方法	力　学　性　能			应　用　范　围
		强度极限 σ_b/MPa	屈服极限 σ_s/MPa	硬度 HBW、HRC 或 HV	
20Cr	渗碳－淬火	650	400	56～62HRC（齿面）	高速、中载并承受冲击的重要齿轮
20CrMnTi	渗碳－淬火	1 100	850	54～62HRC（齿面）	
16MnCr5	渗碳－淬火	780～1 080	590	54～62HRC（齿面）	
17CrNiMo6	渗碳－淬火	1 080～1 320	785	54～62HRC（齿面）	
38CrMoAlA	调质－渗氮	1 000	850	＞850HV	耐磨性好、载荷平稳、润滑良好的传动
ZG310－570	正火	570	310	163～197HBW	低中速、中载的大直径齿轮
ZG340－640		640	340	179～207HBW	

续表8.8

材料牌号	热处理方法	力 学 性 能			应 用 范 围
		强度极限 σ_b/MPa	屈服极限 σ_s/MPa	硬度 HBW、HRC 或 HV	
HT250	人工时效	250	—	170 ~ 240HBW	低中速、轻载、冲击较小的齿轮
HT300		300	—	187 ~ 255HBW	
HT350		350	—	179 ~ 269HBW	
QT500 - 5	正火	500	350	170 ~ 230HBW	低中速、轻载、有冲击的齿轮
QT600 - 2		600	420	190 ~ 270HBW	
QT700 - 2		700	490	225 ~ 305HBW	
布基酚醛层压板	—	100	—	30 ~ 50HBW	高速、轻载、要求声响小的齿轮
MC 尼龙	—	90	—	21HBW	

注:① 我国已成功地研制出许多低合金高强度的钢,在使用时应注意选用。40MnB、40MnVB 可替代 40Cr;
20Mn2B、20MnVB 可替代 20Cr、20CrMnTi。

② 表中的速度界限是:当齿轮的圆周速度 $v < 3$ m/s 时称为低速;3 m/s $\leqslant v < 6$ m/s 时称为低中速;
$v = 6 \sim 15$ m/s 时称为中速;$v > 15$ m/s 时称为高速。

表 8.9 使用系数 K_A

原动机工作特性	工 作 机 工 作 特 性			
	均匀平稳	轻微冲击	中等冲击	严重冲击
均匀平稳	1.00	1.25	1.50	1.75
轻微冲击	1.10	1.35	1.60	1.85
中等冲击	1.25	1.50	1.75	2.00
严重冲击	1.50	1.75	2.00	2.25 或更大

注:① 对于增速传动,根据经验建议取上表值的 1.1 倍。

② 当外部机械与齿轮装置之间挠性连接时,通常 K_A 值可适当减小。

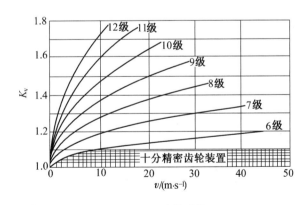

图 8.1 动载系数 K_v

表 8.10　材料弹性系数 Z_E　　　$\sqrt{\text{MPa}}$

材料		大齿轮材料				
		钢	铸　钢	铸　铁	球墨铸铁	夹布胶木
小齿轮材料	钢	189.8	188.9	165.4	181.4	56.4
	铸钢	186.9	188.0	161.4	180.5	—
	铸铁	165.4	161.4	146.0	156.6	—
	球墨铸铁	181.4	180.5	156.6	173.9	—

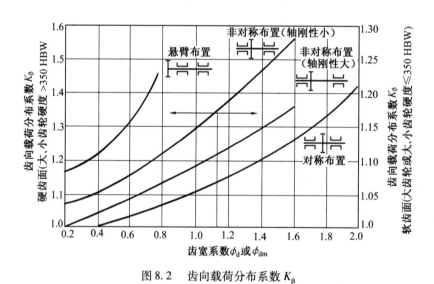

图 8.2　齿向载荷分布系数 K_β

$$\left(\text{圆柱齿轮 } \phi_d = \frac{b}{d_1},\ \text{锥齿轮 } \phi_{dm} = \frac{b}{d_{m1}} = \frac{\phi_R \sqrt{u^2 + 1}}{2 - \phi_R}\right)$$

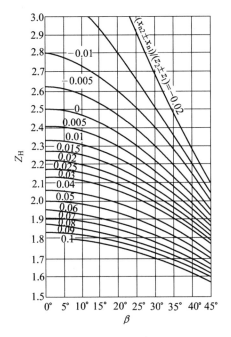

图 8.3　节点区域系数 $Z_H (\alpha_n = 20°)$

（x_{n1}、x_{n2} 分别为齿轮 1 及齿轮 2 的法面变位系数）

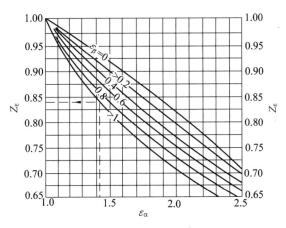

图 8.4　重合度系数 Z_ε

$$\left(\varepsilon_\beta = \frac{b\sin\beta}{\pi m_n} = 0.318\phi_d Z_1 \tan\beta, \text{斜齿轮轴面重合度} \right)$$

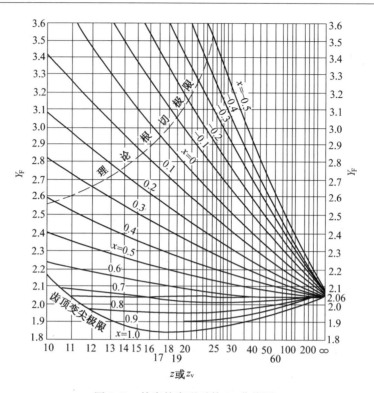

图 8.5　外齿轮齿形系数 Y_F 曲线图

$(\alpha_n = 20°, h_a^* = 1.0, c^* = 0.25, p = 0.38\,m_a)$

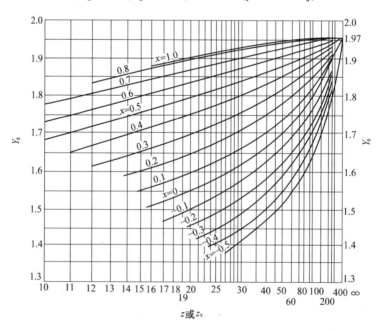

图 8.6　外齿轮应力修正系数 Y_S 曲线图

$(\alpha_n = 20°, h_a^* = 1.0, c^* = 0.25, p = 0.38\,m_a)$

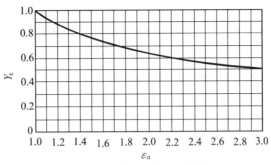

图 8.7   重合度系数 Y_ε 曲线图

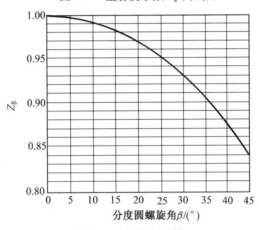

图 8.8   螺旋角系数 Z_β

8.3   螺纹连接设计中可能用到的标准

1. 螺栓（表 8.11 ~ 8.13）

表 8.11   六角头螺栓的 **A** 和 **B** 级（GB/T 5782—2016）、
六角头螺栓全螺纹的 **A** 和 **B** 级（GB/T 5783—2016）

mm

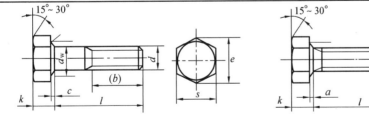
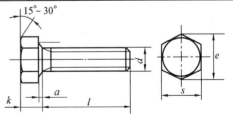

标记示例：
　螺纹规格 d = M12、公称长度 l = 80 mm、性能等级
为 9.8 级、表面氧化、A 级的六角头螺栓：
　螺栓   GB/T 5782—2016   M12 × 80

标记示例：
　螺纹规格 d = M12、公称长度 l = 80 mm、性能等级为 9.8
级、表面氧化、全螺纹、A 级的六角头螺栓：
　螺栓   GB/T 5783—2016   M12 × 80

续表8.11

螺纹规格 d		M3	M4	M5	M6	M8	M10	M12	(M14)	M16	(M18)	M20	(M22)	M24	(M27)	M30
b 参考	$l \leq 125$	12	14	16	18	22	26	30	34	38	42	46	50	54	60	66
	$125 < l \leq 200$	—	—	—	—	28	32	36	40	44	48	52	56	60	66	72
	$l > 200$	—	—	—	—	—	—	—	53	57	61	65	69	73	79	85
a	最大	1.5	2.1	2.4	3	3.75	4.5	5.25	6	6	7.5	7.5	7.5	9	9	10.5
c	最大	0.4	0.4	0.5	0.5	0.6	0.6	0.6	0.6	0.8	0.8	0.8	0.8	0.8	0.8	0.8
d_w 最小	A	4.57	5.88	6.88	8.88	11.63	14.63	16.63	19.64	22.49	25.34	28.19	31.17	33.61	—	—
	B	—	—	6.74	8.74	11.47	16.47	19.47	22	24.85	27.7	31.35	33.25	38	42.75	—
e 最小	A	6.01	7.66	8.79	11.05	14.38	17.77	20.03	23.36	26.75	30.14	33.53	37.72	39.98	—	—
	B	5.88	7.50	8.63	10.89	14.20	17.59	19.85	22.78	26.17	29.56	32.95	37.29	39.55	45.2	50.85
K	公称	2	2.8	3.5	4	5.3	6.4	7.5	8.8	10	11.5	12.5	14	15	17	18.7
r	最小	0.1	0.2	0.2	0.25	0.4	0.4	0.6	0.6	0.6	0.6	0.8	1	0.8	1	1
s	公称	5.5	7	8	10	13	16	18	21	24	27	30	34	36	41	46
l 范围 (GB/T 5782 —2016)		20~30	25~40	25~50	30~60	35~80	40~100	45~120	60~140	55~160	60~180	65~200	70~220	80~240	90~260	90~300
l 范围 (全螺纹) (GB/T 5783 —2016 A级)		6~30	8~40	10~50	12~60	16~80	20~100	25~100	30~140	35~100	35~200	40~200	45~200	40~100	55~200	60~200
l 系列		6,8,10,12,16,20~70(5进位),80~160(10进位),180~360(20进位)														

技术条件	材料	力学性能等级	螺纹公差	公差产品等级	表面处理
	钢	5.6,8.8,9.8,10.9	6g	A级用于 $d \leq 24$ 和 $l \leq 10d$ 或 $l \leq 150$ B级用于 $d > 24$ 和 $l > 10d$ 或 $l > 150$	氧化或电镀、按协议简单处理
	不锈钢	A2－70、A4－70			
	有色金属	Cu2、Cu3、A14 等			

注:① A、B 为产品等级,C 级产品螺纹公差为8g,规格为 M5 ~ M64,性能级为 3.6、4.6 和 4.8 级,详见 GB/T 5780—2016、GB/T 5781—2016。

② 括号内第二系列螺纹直径规格,尽量不采用。

表8.12　六角头螺栓的C级（GB/T 5780—2016）和六角头螺栓全螺纹的C级（GB/T 5781—2016）

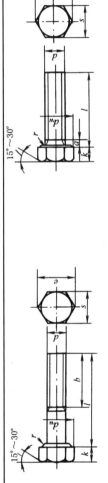

标记示例：

螺纹规格 d=M12、公称长度 l=80 mm，性能等级4.8级，不经表面处理，C级六角头螺栓：

螺栓 GB/T 5780—2016　M12×80

mm

螺纹规格 d		M5	M6	M8	M10	M12	(M14)	M16	(M18)	M20	(M22)	M24	(M27)	M30	M36	M42	M48	M56	M64
s（公称）		8	10	13	16	18	21	24	27	30	34	36	41	46	55	65	75	85	95
k（公称）		3.5	4	5.3	6.4	7.5	8.8	10	11.5	12.5	14	15	17	18.7	22.5	26	30	35	40
r（最小）		0.2	0.25	0.4	0.4	0.6	0.6	0.6	0.6	0.8	0.8	0.8	1	1	1	1.2	1.6	2	2
e（最小）		8.6	10.9	14.2	17.6	19.9	22.8	26.2	29.6	33	37.3	39.6	45.2	50.9	60.8	71.3	82.6	93.6	104.9
a（最大）		2.4	3	4	4.5	5.3	6	6	7.5	7.5	7.5	7.5	9	10.5	12	13.5	15	16.5	18
d_w（最小）		6.7	8.7	11.5	14.5	16.5	19.2	22	24.9	27.7	31.4	33.3	38	42.8	51.1	60	69.5	78.7	88.2
b（参考）	l≤125	16	18	22	26	30	34	38	42	46	50	54	60	66	78	—	—	—	—
	125<l≤200	—	—	28	32	36	40	44	48	52	56	60	66	72	84	96	108	124	140
	l>200	—	—	—	—	—	53	57	61	65	69	73	79	85	97	109	121	137	153

续表 8.12

项目																			
l(公称) GB/T 5780—2016	25~50	30~60	40~80	45~100	55~120	60~140	65~160	80~180	80~200	90~220	100~240	110~260	120~300	140~360	180~420	200~480	240~500	260~500
全螺纹长度 l GB/T 5781—2016	10~50	12~60	16~80	20~100	25~120	30~140	35~160	35~180	40~200	45~220	50~240	55~280	60~300	70~360	80~420	100~480	110~500	120~500
100 mm 长的质量/kg ≈	0.013	0.020	0.037	0.063	0.090	0.127	0.172	0.223	0.282	0.359	0.424	0.566	0.721	1.100	1.594	2.174	3.226	4.870

l系列(公称)	10,12,16,20,25,30,35,40,45,50,55,60,65,70,80,90,100,110,120,130,140,150,160,180,200,220,240,260,280,300,320,340,360,380,400,420,440,460,480,500

技术条件				
GB/T 5780—2016 螺纹公差:8g	性能等级:d≤M39时取3.6、4.6、4.8; d>M39时按协议	材料:钢	表面处理:不经处理,电镀, 非电解锌粉覆盖	产品等级:C
GB/T 5781—2016 螺纹公差:8g				

注:① M5~M36为商品规格,为销售储备的产品最通用的规格;

② M42~M64为通用规格,较商品规格低一档,有时买不到而需要现制造;

③带括号的为非优选的螺纹规格(其他各表均相同),非优选螺纹规格除表列外还有 M33、M39、M45、M52 和 M60;

④末端按 GB/T 2—2016规定;

⑤本表尺寸对原标准进行了摘录,以后各表均相同;

⑥标记示例:螺栓 GB/T 5780 M12×80"为简化标记,它代表了标记示例的各项内容,此标准件为常用及在量供应的,与标记示例内容不同的不能用简化标记,应按 GB/T 1237—2000规定标记,以后各螺纹连接件均同;

⑦表面处理:电镀技术要求按 GB/T 5267.1—2023,非电解锌粉覆盖技术要求按 ISO 10683;如需其他表面镀层或表面处理,应由双方协议;

⑧GB/T 5780—2016增加了短规格,推荐采用 GB/T 5781—2016 全螺纹螺栓。

表 8.13　六角头铰制孔用螺栓的 A 级和 B 级（GB/T 27—2013）　　　　mm

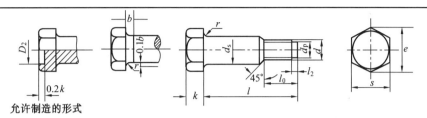

允许制造的形式

标记示例：

螺纹规格 d = M12、d_s 尺寸按表规定、公称长度 l = 80 mm、性能等级为 8.8 级、表面氧化处理、A 级的六角头铰制孔用螺栓：

　　螺栓　GB/T 27—2013　M12 × 80

d_s 按 m6 制造时，应加标记 m6：

　　螺栓　GB/T 27—2013　M12 × m6 × 80

d	M6	M8	M10	M12	M16	M20
d_s(h9)（最大）	7	9	11	13	17	21
s_{max}	10	13	16	18	24	30
k　公称	4	5	6	8	9	11
r_{min}	0.25	0.4		0.6		0.8
d_p	4	5.5	7	8.5	12	15
l_2	1.5		2		3	4
e_{min}　A	11.05	14.38	17.77	20.03	26.75	33.53
e_{min}　B	10.89	14.2	17.59	19.85	26.17	32.95
b	2.5				3.5	
l 范围	22 ~ 65	25 ~ 80	30 ~ 120	35 ~ 180	45 ~ 200	55 ~ 200
l 系列	25、30、35、40、45、50、60、70、80、85、90、100 ~ 260（10 进位）、280、300					
l_0	12	15	18	22	28	32

注：① 根据使用要求，螺杆上无螺纹部分直径（d_s）允许按 m6、u8 制造。按 m6 制造的杆径，其表面粗糙度为 1.6 μm。

　　② 螺杆上无螺纹部分（d_s）的末端倒角为 45°，根据制造工艺要求，允许制成大于 45°、小于 1.5P（粗牙螺纹螺距）的颈部。

2. 双头螺柱（表 8.14）

表 8.14　双头螺柱（GB/T 897—1988（$b_m=1d$）、GB/T 898—1988（$b_m=1.25d$）、GB/T 899—1988（$b_m=1.5d$）和 GB/T 900—1988（$b_m=2d$））

mm

A 型

B 型

$X \approx 1.5P$（粗牙螺距）

两端形式	d	l	性能等级	表面处理	型号	b_m	标　记
两端均为粗牙普通螺纹	10	50	4.8	不处理	B	$1d$	螺柱 GB/T 897—1988 M10×50
旋入机体一端为粗牙普通通螺纹，旋螺母一端为螺距 $P=1$ mm 的细牙普通螺纹	10	50	4.8	不处理	A	$1d$	螺柱 GB/T 897—1988 AM10—M10×1×50
旋入机体一端为过渡配合螺纹的第一种配合，旋螺母一端为粗牙普通通螺纹	10	50	8.8	镀锌钝化	B	$1d$	螺柱 GB/T 897—1988 GM10—M10×50—8.8—Zn·D
旋入机体一端为过盈配合螺纹，旋螺母一端为粗牙普通通螺纹	10	50	8.8	镀锌钝化	A	$2d$	螺柱 GB/T 900—1988 AYM10—M10×50—8.8—Zn·D

续表 8.14

螺纹规格 d	M2	M2.5	M3	M4	M5	M6	M8	M10	M12	(M14)	M16	(M18)	M20	(M22)	M24	(M27)	M30	(M33)	M36	(M39)	M42	M48
b_m GB/T 897—1988	—	—	—	—	5	6	8	10	12	14	16	18	20	22	24	27	30	33	36	39	42	48
b_m GB/T 898—1988	—	—	—	—	6	8	10	12	15	—	20	—	25	—	30	—	38	—	45	—	52	60
b_m GB/T 899—1988	3	3.5	4.5	6	8	10	12	15	18	21	24	27	30	33	36	40	45	49	54	58	63	72
b_m GB/T 900—1988	4	5	5	8	10	12	16	20	24	28	32	36	40	44	48	54	60	66	72	78	84	96

l / b 对照（表中数值为 b）：

l	M2	M2.5	M3	M4	M5	M6	M8	M10	M12	(M14)	M16	(M18)	M20	(M22)	M24	(M27)	M30	(M33)	M36	(M39)	M42	M48
12	6																					
(14)		8																				
16			6	8	10																	
(18)	10																					
20		11				10	12															
(22)			12																			
25				14	16	14	16	14	16													
(28)																						
30								16			20											
(32)						18	22		20													
35												22	25									
(38)										25	30											
40								26	30					30								
45												35	35		30							
50										34				40		35						
(55)											38				45							
60																	40					
(65)												42				50		45	45	50		
70													46				50					
(75)														50				60			50	60
80															54				60			
(85)																						
90																60				65	70	80
(95)																	66					
100																		72				
110																						
120																			78	84	90	102
130								32	36	40	44	48	52	56	60	66	72	78	84	90	96	108
140																						
150																						
160																						
170																						
180																						
190																						
200																						
210																	85	91	97	103	109	121
220																						
230																						
240																						
250																						
260																						
280																						
300																						

续表 8.14

100 mm 长的质量/kg ≈																					
0.002	0.003	0.005	0.009	0.015	0.022	0.041	0.065	0.096	0.134	0.183	0.235	0.301	0.377	0.454	0.604	0.766	0.968	1.197	1.463	1.737	2.409

技术条件	材料	性能等级	过渡及过盈配合螺纹	螺纹公差	表面处理（GB/T 897—1988，GB/T 898—1988）	表面处理（GB/T 899—1988，GB/T 900—1988） 产品等级：B
	钢	4.8、5.8、6.8、8.8、10.9、12.9	GM、G3M、YM（GB/T 900—1988）	6g	不经处理；氧化；镀锌钝化	不经处理；氧化；镀锌钝化
	不锈钢	A2-50、A2-70	GM、G2M（GB/T 897、GB/T 898、GB/T 899—1988）			不经处理

注：①左边的 l 系列查左边两粗黑线之间的 b 值，右边的 l 系列查右边的粗黑线上方的 b 值；

②当（$b-b_m$）≤5 mm 时，旋螺母一端应制成倒圆端；

③允许采用细牙螺纹和过渡配合螺纹；

④GB/T 898—1988 中 d＝M5～M20 为商品规格，其余均为通用规格；

⑤b_m＝d，一般用于钢对钢；b_m＝(1.25～1.5)d，一般用于钢对铸铁；b_m＝2d，一般用于钢对铝合金；

⑥末端按 GB/T 2—2016 规定。

3. 螺钉(表 8.15)

表 8.15　开槽螺钉

mm

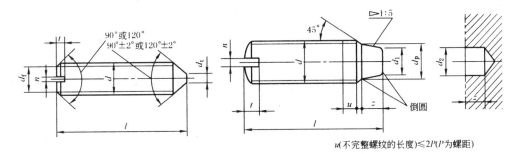

开槽锥端紧定螺钉(GB/T 71—2018)　　开槽锥端定位螺钉(GB/T 72—1988)

u(不完整螺纹的长度)≤2P(P为螺距)

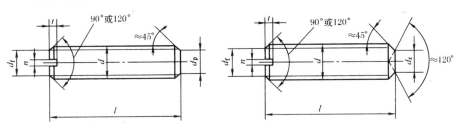

开槽平端紧定螺钉(GB/T 73—1985)　　开槽凹端紧定螺钉(GB/T 74—1985)

螺纹规格 d	M1.2	M1.6	M2	M2.5	M3	M4	M5	M6	M8	M10	M12
螺距 P	0.25	0.35	0.4	0.45	0.5	0.7	0.8	1	1.25	1.5	1.75
d_f					≈ 螺纹小径						
n(公称)	0.2	0.25	0.25	0.4	0.4	0.6	0.8	1	1.2	1.6	2
t(最大)	0.52	0.74	0.84	0.95	1.05	1.42	1.63	2	2.5	3	3.6
$d_1 \approx$	—	—	—	—	1.7	2.1	2.5	3.4	4.7	6	7.3
d_2(推荐)	—	—	—	—	1.8	2.2	2.6	3.5	5	6.5	8
d_z(最大)	—	0.8	1	1.2	1.4	2	2.5	3	5	6	8
d_t(最大)	0.12	0.16	0.2	0.25	0.3	0.4	0.5	1.5	2	2.5	3
d_p(最大)	0.6	0.8	1	1.5	2	2.5	3.5	4	5.5	7	8.5

续表 8.15

			1.05	1.25	1.5	1.75	2.25	2.75	3.25	4.3	5.3	6.3
z	GB/T 75—2018	—	1.05	1.25	1.5	1.75	2.25	2.75	3.25	4.3	5.3	6.3
	GB/T 72—1988	—	—	—	—	1.5	2	2.5	3	4	5	6
商品规格 长度 l	GB/T 71—2018	2~6	2~8	3~10	3~12	4~16	6~20	8~25	8~30	10~40	12~50	14~60
	GB/T 72—1988	—	—	—	—	4~16	4~20	5~20	6~25	8~35	10~45	12~50
	GB/T 73—1985	2~6	2~8	2~10	2.5~12	3~16	4~20	5~25	6~30	8~40	10~50	12~60
	GB/T 74—1985	—	2~8	2.5~10	3~12	3~16	4~20	5~25	6~30	8~40	10~50	12~60
	GB/T 75—2018	—	2.5~8	3~10	4~12	5~16	6~20	8~25	8~30	10~40	12~50	14~60

l 系列：2、2.5、3、4、5、6、8、10、12、(14)、16、20、25、30、35、40、45、50、(55)、60

技术条件	材料		钢	不锈钢	螺纹公差 6g	产品等级:A
	性能等级	GB/T 72—1988	14H、33H	A1-50、C4-50		
		其他	14H、22H	A1-50		
	表面处理	GB/T 72—1988	不经处理；氧化；镀锌钝化	不经处理		
		其他	氧化；镀锌钝化			

注：①GB/T 72—1988 没有 M1.2、M1.6、M2、M2.5 规格；

②GB/T 74—1985 和 GB/T 75—2018 没有 M1.2 规格。

4. 圆螺母(表 8.16)

表 8.16　圆螺母(GB/T 812—1988)

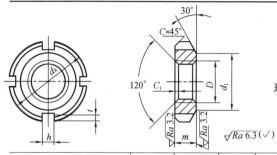

标记示例:

　螺纹规格 D = M16 × 1.5、材料 45 钢、槽或全部热处理后硬度为 HRC35 ～ 45、表面氧化的圆螺母:

　螺母　GB/T 812—1988　M16 × 1.5

$\sqrt{Ra\,6.3}(\checkmark)$

螺纹规格 $D \times P$	d_k	d_1	m	h(最小)	t(最小)	C	C_1	每 1 000 个的质量 /kg ≈
M10 × 1	22	16	8	4	2	0.5	0.5	16.82
M12 × 1.25	25	19						21.58
M14 × 1.5	28	20						26.82
M16 × 1.5	30	22		5	2.5			28.44
M18 × 1.5	32	24						31.19
M20 × 1.5	35	27						37.31
M22 × 1.5	38	30						54.91
M24 × 1.5	42	34				1		68.88
M25 × 1.5[①]								65.88
M27 × 1.5	45	37						75.49
M30 × 1.5	48	40						82.11
M33 × 1.5	52	43	10					92.32
M35 × 1.5[①]				6	3			84.99
M36 × 1.5	55	46				1.5		100.3
M39 × 1.5	58	49						107.3
M40 × 1.5[①]								102.5
M42 × 1.5	62	53						121.8
M45 × 1.5	68	59						153.6

续表 8.16

螺纹规格 $D \times P$	d_k	d_1	m	h(最小)	t(最小)	C	C_1	每1 000 个的质量 /kg ≈
M48 × 1.5	72	61	12	8	3.5		0.5	201.2
M50 × 1.5①	72	61						186.8
M52 × 1.5	78	67						238
M55 × 2①	78	67						214.4
M56 × 2	85	74						290.1
M60 × 2	90	79						320.3
M64 × 2	95	84						351.9
M65 × 2①	95	84						342.4
M68 × 2	100	88						380.2
M72 × 2	105	93	15	10	4		1	518
M75 × 2①	105	93						477.5
M76 × 2	110	98				1.5		562.4
M80 × 2	115	103						608.4
M85 × 2	120	108						640.6
M90 × 2	125	112	18	12	5			796.1
M95 × 2	130	117						834.7
M100 × 2	135	122						873.3
M105 × 2	140	127						895
M110 × 2	150	135						1 076
M115 × 2	155	140	22	14	6			1 369
M120 × 2	160	145						1 423
M125 × 2	165	150						1 477
M130 × 2	170	155						1 531
M140 × 2	180	165						1 937
M150 × 2	200	180	26	16	7			2 651
M160 × 3	210	190						2 810
M170 × 3	220	200				2	1.5	2 970
M180 × 3	230	210	30					3 610
M190 × 3	240	220						3 794
M200 × 3	250	230						3 978
技术条件	材料		螺纹公差		热处理及表面处理			
	45 钢		6H		槽或全部热处理后 35 ~ 45HRC;调质 24 ~ 30HRC;氧化			

注:① 多用于滚动轴承锁紧装置,易于买到。

5. 垫圈(表 8.17 和表 8.18)

表 8.17　平垫圈 C 级(摘自 GB/T 95—2002)、平垫圈 A 级(摘自 GB/T 97.1—2002)

和平垫圈倒角型 A 级(摘自 GB/T 97.2—2002)

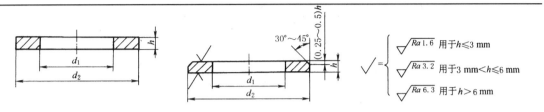

标记示例:

标准系列、规格 8 mm、由钢制造的硬度等级 200HV、不经表面处理、产品等级 A 级的平垫圈:

　　垫圈　GB/T 97.1—2002　8

不锈钢组别:A2、F1、C1、A4、C4(按 GB/T 3098.6—2014)

规格(螺纹大径)		GB/T 95—2002			GB/T 97.1—2002			GB/T 97.2—2002		
		内径 d_1	外径 d_2	厚度 h	内径 d_1	外径 d_2	厚度 h	内径 d_1	外径 d_2	厚度 h
优选尺寸	1.6	1.8	4	0.3	1.7	4	0.3	—	—	—
	2	2.4	5	0.3	2.2	5	0.3	—	—	—
	2.5	2.9	6	0.5	2.7	6	0.5	—	—	—
	3	3.4	7	0.5	3.2	7	0.5	—	—	—
	4	4.5	9	0.8	4.3	9	0.8	—	—	—
	5	5.5	10	1	5.3	10	1	5.3	10	1
	6	6.6	12	1.6	6.4	12	1.6	6.4	12	1.6
	8	9	16	1.6	8.4	16	1.6	8.4	16	1.6
	10	11	20	2	10.5	20	2	10.5	20	2
	12	13.5	24	2.5	13	24	2.5	13	24	2.5
	16	17.5	30	3	17	30	3	17	30	3
	20	22	37	3	21	37	3	21	37	3
	24	26	44	4	25	44	4	25	44	4
	30	33	56	4	31	56	4	31	56	4
	36	39	66	5	37	66	5	37	66	5
	42	45	78	8	45	78	8	45	78	8
	48	52	92	8	52	92	8	52	92	8
	56	62	105	10	62	105	10	62	105	10
	64	70	115	10	70	115	10	70	115	10

续表 8.17

规格(螺纹大径)	GB/T 95—2002			GB/T 97.1—2002			GB/T 97.2—2002		
	内径 d_1	外径 d_2	厚度 h	内径 d_1	外径 d_2	厚度 h	内径 d_1	外径 d_2	厚度 h
非优选尺寸	3.5								
	3.9	8	0.5	—	—	—	—	—	—
	14 15.5	28	2.5	15	28	2.5	15	28	2.5
	18 20	34	3	19	34	3	19	34	3
	22 24	39	3	23	39	3	23	39	3
	27 30	50	4	28	50	4	28	50	4
	33 36	60	5	34	60	5	34	60	5
	39 42	72	6	42	72	6	42	72	6
	45 48	85	8	48	85	8	48	85	8
	52 56	98	8	56	98	8	56	98	8
	60 66	110	10	66	110	10	66	110	10

技术条件和引用标准

材　料	钢		材料	硬度等级	硬度范围
力学性能	硬度等级	100HV	钢	200HV	200 ~ 300HV
				300HV	300 ~ 370HV
	硬度范围	100 ~ 200HV			
	精度等级	C(GB/T 95—2002)、A(GB/T 97.1 ~ 2—2002)	不锈钢	200HV	200 ~ 300HV

　　表面处理:不经表面处理,即垫圈应是本色的并涂有防锈油或按协议的涂层;电镀技术要求按 GB/T 5267.1—2002;非电解锌片涂层技术要求按 GB/T 5267.2—2002;对淬火回火的垫圈应采用适当的涂或镀工艺以免氢脆,当电镀或磷化处理垫圈时,应在电镀或涂层后立即进行适当处理,以驱除有害的氢脆,所有公差适用于镀或涂前尺寸

表 8.18   标准型弹簧垫圈(摘自 GB/T 93—1987)、轻型弹簧热圈(摘自 GB/T 859—1987)

和重型弹簧垫圈(摘自 GB/T 7244—1987)

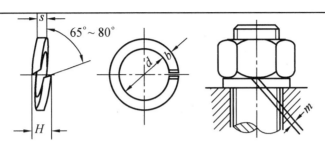

标记示例:

规格 16 mm、材料 65Mn、表面氧化的标准型弹簧垫圈:

垫圈   GB/T 93—1987   16

mm

规格 (螺纹 大径)	d (最小)	GB/T 93—1987				GB/T 859—1987					GB/T 7244—1987				
		S(b) (公称)	H (最大)	m ≤	每1 000 个的质 量/kg ≈	s (公称)	b (公称)	H (最大)	m ≤	每1 000 个的质 量/kg ≈	s (公称)	b (公称)	H (最大)	m ≤	每1 000 个的质 量/kg ≈
2	2.1	0.5	1.25	0.25	0.01	—	—	—	—	—	—	—	—	—	—
2.5	2.6	0.65	1.63	0.33	0.01	—	—	—	—	—	—	—	—	—	—
3	3.1	0.8	2	0.4	0.02	0.6	1	1.5	0.3	0.03	—	—	—	—	—
4	4.1	1.1	2.75	0.55	0.05	0.8	1.2	2	0.4	0.05	—	—	—	—	—
5	5.1	1.3	3.25	0.65	0.08	1.1	1.5	2.75	0.55	0.11	—	—	—	—	—
6	6.1	1.6	4	0.8	0.15	1.3	2	3.25	0.65	0.21	1.8	2.6	4.5	0.9	0.39
8	8.1	2.1	5.25	1.05	0.35	1.6	2.5	4	0.8	0.43	2.4	3.2	6	1.2	0.84
10	10.2	2.6	6.5	1.3	0.68	2	3	5	1	0.81	3	3.8	7.5	1.5	1.56
12	12.2	3.1	7.75	1.55	1.15	2.5	3.5	6.25	1.25	1.41	3.5	4.3	8.75	1.75	2.44
(14)	14.2	3.6	9	1.8	1.81	3	4	7.5	1.5	2.24	4.1	4.8	10.25	2.05	3.69
16	16.2	4.1	10.25	2.05	2.68	3.2	4.5	8	1.6	3.08	4.8	5.3	12	2.4	5.4
(18)	18.2	4.5	11.25	2.25	3.65	3.6	5	9	1.8	4.31	5.3	5.8	13.25	2.65	7.31
20	20.2	5	12.5	2.5	5	4	5.5	10	2	5.84	6	6.4	15	3	10.11
(22)	22.5	5.5	13.75	2.75	6.76	4.5	6	11.25	2.25	7.96	6.6	7.2	16.5	3.3	13.97
24	24.5	6	15	3	8.76	5	7	12.5	2.5	11.2	7.1	7.5	17.75	3.55	16.96
(27)	27.5	6.8	17	3.4	12.6	5.5	8	13.75	2.75	16.04	8	8.5	20	4	24.33
30	30.5	7.5	18.75	3.75	17.02	6	9	15	3	21.89	9	9.3	22.5	4.5	33.11
(33)	33.5	8.5	21.25	4.25	23.84	—	—	—	—	—	9.9	10.2	24.75	4.95	43.86
36	36.5	9	22.5	4.5	29.32	—	—	—	—	—	10.8	11	27	5.4	56.13
(39)	39.5	10	25	5	38.92	—	—	—	—	—	—	—	—	—	—
42	42.5	10.5	26.25	5.25	46.44	—	—	—	—	—	—	—	—	—	—
(45)	45.5	11	27.5	5.5	54.84	—	—	—	—	—	—	—	—	—	—
48	48.5	12	30	6	69.2	—	—	—	—	—	—	—	—	—	—

注:① 标记示例中的材料为最常用的主要材料,其他技术条件按 GB/T 94.1—2008 规定。

② 本表为商品紧固件品种,应优先选用。尽量不采用括号内的规格。

③ m 应大于零。

8.4　螺纹传动设计中可能用到的参数

螺纹传动设计中可能用到的参数见表 8.19。

表 8.19　螺杆长度系数 μ

端部支承情况	长度系数 μ	备　　注
两端固定	0.5	① 判断螺杆端部支承情况的方法：
一端固定,一端不完全固定	0.6	滑动支承时,长径比小于 1.5;
一端铰支,一端不完全固定	0.7	铰支时,长径比 1.5 ~ 3.0; 不完全固定时,长径比大于 3.0。
两端不完全固定	0.75	② 固定支承:
两端铰支	1.0	整体螺母作为支承时,同滑动支承; 剖分螺母作为支承时,为不完全固定支承;
一端固定,一端自由	2.0	滚动支承时,有径向约束 —— 铰支,也有径向和轴向 约束 —— 固定支承

8.5　轴系部件设计中可能用到的标准

轴系部件设计中可能会用到的标准见表 8.20 ~ 8.26。

表 8.20　深沟球轴承(GB/T 276—2013)

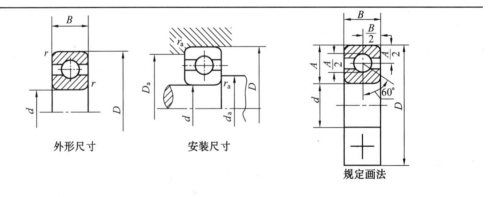

外形尺寸　　　　安装尺寸　　　　规定画法

标记示例:滚动轴承 6210　GB/T 276—2013

续表 8.20

$\dfrac{A}{C_{or}}$	e	基 本 组 游 隙				$A/R \leqslant 0.8$		$A/R > 0.8$	
		$A/R \leqslant e$		$A/R > e$		X_0	Y_0	X_0	Y_0
		X	Y	X	Y				
0.014	0.19	1	0	0.56	2.3	—	—	—	—
0.028	0.22	1	0	0.56	1.99	—	—	—	—
0.056	0.26	1	0	0.56	1.71	1	0	0.6	0.5
0.084	0.28	1	0	0.56	1.55	—	—	—	—
0.11	0.3	1	0	0.56	1.45	—	—	—	—
0.17	0.34	1	0	0.56	1.31	—	—	—	—
0.28	0.38	1	0	0.56	1.15	—	—	—	—
0.42	0.42	1	0	0.56	1.04	—	—	—	—
0.56	0.44	1	0	0.56	1.06	—	—	—	—

轴承代号	尺寸/mm				安装尺寸/mm			基本额定负荷/kN		极限转速/(r·min^{-1})	
	d	D	B	r_{min}	d_a (最小)	D_a (最大)	r_a (最大)	C_r(动)	C_{or}(静)	脂润滑	油润滑
(0)2 尺寸系列											
6204	20	47	14	1	26	41	1	12.8	6.65	14 000	18 000
6205	25	52	15	1	31	46	1	14.0	7.88	13 000	17 000
6206	30	62	16	1	36	56	1	19.5	11.3	9 500	13 000
6207	35	72	17	1.1	42	65	1	25.7	15.3	8 500	11 000
6208	40	80	18	1.1	47	73	1	29.5	18.1	8 000	10 000
6209	45	85	19	1.1	52	78	1	31.7	20.7	7 000	9 000
6210	50	90	20	1.1	57	83	1	35.1	23.2	6 700	8 500
6211	55	100	21	1.5	64	91	1.5	43.4	29.2	6 000	7 500
6212	60	110	22	1.5	69	101	1.5	47.8	32.9	5 600	7 000
6213	65	120	23	1.5	74	111	1.5	57.2	40.0	5 000	6 300
(0)3 尺寸系列											
6304	20	52	15	1.1	27	45	1	15.9	7.88	13 000	17 000
6305	25	62	17	1.1	32	55	1	22.4	11.5	10 000	14 000
6306	30	72	19	1.1	37	65	1	27.0	15.2	9 000	12 000
6307	35	80	21	1.5	44	71	1.5	33.4	19.2	8 000	10 000
6308	40	90	23	1.5	48	81	1.5	40.8	24.0	7 000	9 000
6309	45	100	25	1.5	54	91	1.5	52.9	31.8	6 300	8 000
6310	50	110	27	2	60	100	2	61.9	37.9	6 000	7 500
6311	55	120	29	2	65	110	2	71.6	44.8	5 800	6 700
6312	60	130	31	2.1	72	118	2.1	81.8	51.9	5 600	6 300
6313	65	140	33	2.1	77	128	2.1	93.9	60.4	4 500	5 600

表 8.21　角接触球轴承(GB/T 292—2007)

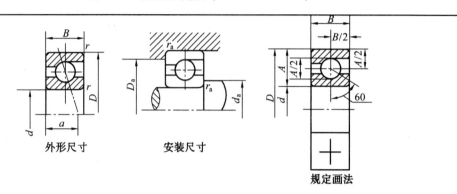

外形尺寸　　　　安装尺寸　　　　规定画法

标记示例:滚动轴承　7216AC　GB/T 292—2007

		C 型(α = 15°)								AC 型(α = 25°)						
$\dfrac{A}{C_{or}}$	e	A/R ≤ e		A/R > e		X_0	Y_0	e	A/R ≤ e		A/R > e		X_0	Y_0		
		X	Y	X	Y				X	Y	X	Y				
0.015	0.38				1.47											
0.029	0.40				1.40											
0.058	0.43				1.30											
0.087	0.46				1.23											
0.12	0.47	1	0	0.44	1.19	0.5	0.46	0.68	1	0	0.41	0.87	0.5	0.33		
0.17	0.50				1.12											
0.29	0.55				1.02											
0.44	0.56				1.00											
0.58	0.56				1.00											

轴承代号		尺　寸/mm							安装尺寸/mm			基本额定负荷/kN				极限转速 /(r·min⁻¹)	
		d	D	B	r(最小)	r_1(最小)	a		d_a(最大)	D_a(最大)	r_a(最大)	C_r(动)		C_{or}(静)		脂润滑	油润滑
							C 型	AC 型				C 型	AC 型	C 型	AC 型		

(0)2 尺寸系列

轴承代号		d	D	B	r(最小)	r_1(最小)	a C型	a AC型	d_a(最大)	D_a(最大)	r_a(最大)	C_r C型	C_r AC型	C_{or} C型	C_{or} AC型	脂润滑	油润滑
7204C	7204AC	20	47	14	1.0	0.3	11.5	14.9	26	41	1	11.2	10.8	7.46	7.00	13 000	18 000
7205C	7205AC	25	52	15	1.0	0.3	12.7	16.4	31	46	1	12.8	12.2	8.95	7.38	11 000	16 000
7206C	7206AC	30	62	16	1.0	0.3	14.2	18.7	36	56	1	17.8	16.8	12.8	12.2	9 000	13 000
7207C	7207AC	35	72	17	1.1	0.6	15.7	21.0	42	65	1	23.5	22.5	17.5	16.5	8 000	11 000
7208C	7208AC	40	80	18	1.1	0.6	17.0	23.0	47	73	1	26.8	25.8	20.5	19.2	7 500	10 000
7209C	7209AC	45	85	19	1.1	0.6	18.2	24.7	52	77	1	29.8	28.2	23.8	22.5	6 700	9 000
7210C	7210AC	50	90	20	1.1	0.6	19.4	26.3	57	83	1	32.8	31.5	26.8	25.2	6 300	8 500
7211C	7211AC	55	100	21	1.5	0.6	20.9	28.6	64	91	1.5	40.8	38.8	33.8	31.8	5 600	7 500
7212C	7212AC	60	110	22	1.5	0.6	22.4	30.8	69	101	1.5	44.8	42.8	37.8	35.5	5 300	7 000
7213C	7213AC	65	120	23	1.5	0.6	24.2	33.5	74	111	1.5	53.8	51.2	46.0	43.2	4 800	6 300

续表 8.21

轴承代号		尺　寸 /mm								安装尺寸 /mm			基本额定负荷 /kN				极限转速	
		d	D	B	r	r_1	a		d_a	D_a	r_a		C_r(动)		C_{or}(静)		/(r·min^{-1})	
					(最小)	(最小)	C 型	AC 型	(最小)	(最大)	(最大)		C 型	AC 型	C 型	AC 型	脂润滑	油润滑
(0)3　尺　寸　系　列																		
7304C	7304AC	20	52	15	1.1	0.6	11.3	16.3	27	45	1		14.2	13.8	9.68	9.0	12 000	17 000
7305C	7305AC	25	62	17	1.1	0.6	13.1	19.1	32	55	1		21.5	20.8	15.8	14.8	9 500	14 000
7306C	7306AC	30	72	19	1.5	0.6	15.0	22.2	37	65	1		26.2	25.2	19.8	18.5	8 500	12 000
7307C	7307AC	35	80	21	1.5	0.6	16.6	24.5	44	71	1.5		34.2	32.8	26.8	24.8	7 500	10 000
7308C	7308AC	40	90	23	1.5	0.6	18.5	27.5	49	81	1.5		40.2	38.5	32.8	30.5	6 700	9 000
7309C	7309AC	45	100	25	1.5	0.6	20.2	30.2	54	91	1.5		49.2	47.5	39.8	37.2	6 000	8 000
7310C	7310AC	50	110	27	2	1.0	22.0	33.0	60	99	2		55.5	53.5	47.2	44.5	5 600	7 500
7311C	7311AC	55	120	29	2	1.0	23.8	35.8	65	110	2		70.5	67.2	60.5	56.8	5 000	6 700
7312C	7312AC	60	130	31	2.1	1.1	25.6	38.7	72	118	2.1		80.5	77.8	70.2	65.8	4 800	6 300
7313C	7313AC	65	140	33	2.1	1.1	27.4	41.5	77	128	2.1		91.5	89.8	80.5	70.5	4 300	5 600

表 8.22　单列圆柱滚子轴承(GB/T 283—2021)

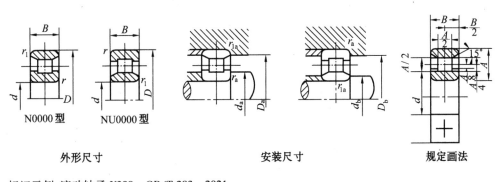

N0000 型　　　　NU0000 型

外形尺寸　　　　　　　安装尺寸　　　　　规定画法

标记示例:滚动轴承 N308　GB/T 283—2021

续表8.22

轴承代号		极限转速 /(r·min⁻¹)					尺寸 /mm							安装尺寸 /mm		基本额定 负荷/kN	
		d	D	B	r (最小)	r_1 (最小)	d_a (最大)	D_a (最大)	d_b (最小)	D_b (最小)	r_a (最大)	r_{1a} (最大)	C_r (动)	C_{or} (静)	脂润滑	油润滑		
(0)2 尺 寸 系 列																		
N204E	NU204E	20	47	14	1	0.6	25	42	29	42	1	0.6	26.9	15.8	13 000	16 000
N205E	NU205E	25	52	15	1	0.6	30	47	34	47	1	0.6	28.8	17.5	12 000	15 000
N206E	NU206E	30	62	16	1	0.6	36	56	40	57	1	0.6	37.7	22.8	9 500	12 000
N207E	NU207E	35	72	17	1.1	0.6	42	64	46	65.5	1	0.6	47.8	31.5	8 000	9 900
N208E	NU208E	40	80	18	1.1	1.1	47	72	52	73.5	1	1	53.9	33.2	7 200	8 800
N209E	NU209E	45	85	19	1.1	1.1	52	77	57	78.5	1	1	61.3	39.2	6 600	8 200
N210E	NU210E	50	90	20	1.1	1.1	57	83	62	83.5	1	1	64.1	41.8	6 100	7 600
N211E	NU211E	55	100	21	1.5	1.1	63.5	91	68	92	1.5	1	84.0	57.2	5 500	6 800
N212E	NU212E	60	110	22	1.5	1.5	59	100	75	102	1.5	1.5	94.0	61.8	5 100	6 200
N213E	NU213E	65	120	23	1.5	1.5	74	108	82	112	1.5	1.5	107	71.5	4 600	5 700
(0)3 尺 寸 系 列																		
N304E	NU304E	20	52	15	1.1	0.6	26.5	47	30	45.5	1	0.6	30.4	17.5	13 000	16 000
N305E	NU305E	25	62	17	1.1	1.1	31.5	55	37	55.5	1	1	40.3	23.8	9 900	12 000
N306E	NU306E	30	72	19	1.1	1.1	37	64	44	65.5	1	1	51.7	31.5	8 400	10 000
N307E	NU307E	35	80	21	1.5	1.1	44	71	48	72	1	1	65.0	40.5	7 500	9 200
N308E	NU308E	40	90	23	1.5	1.5	49	80	55	82	1.5	1.5	80.4	50.0	6 600	8 200
N309E	NU309E	45	100	25	1.5	1.5	45	89	60	92	1.5	1.5	97.4	62.2	5 900	7 300
N310E	NU310E	50	110	27	2	2	60	98	67	101	2	2	110	71	5 400	6 600
N311E	NU311E	55	120	29	2	2	65	107	72	111	2	2	135	89	4 900	6 100
N312E	NU312E	60	130	31	2.1	2.1	72	116	79	119	2.1	2.1	150	99.2	4 500	5 600
N313E	NU313E	65	140	33	2.1	2.1	77	125	85	129	2.1	2.1	179	120	4 200	5 200

注:E表示轴承内部结构设计改进、增大轴承承载能力的加强型。

表 8.23　单列圆锥滚子轴承（GB/T 297—2015）

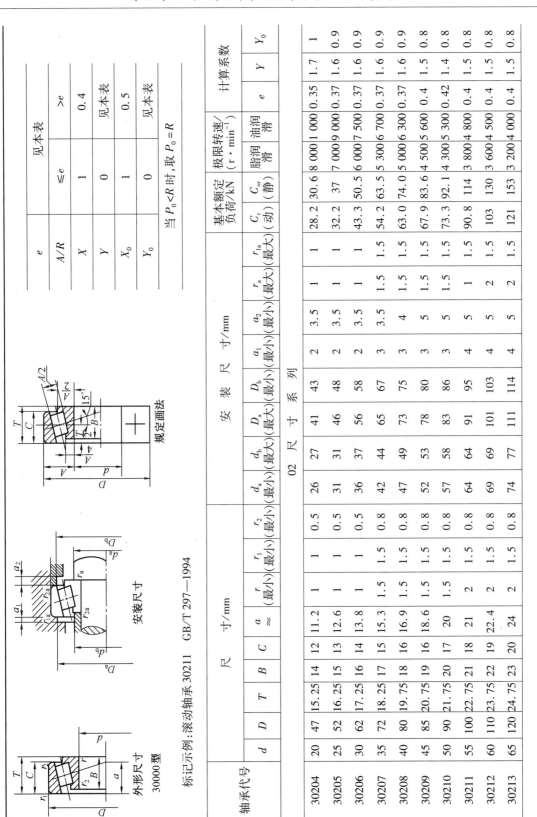

外形尺寸 30000 型

规定画法

安装尺寸

标记示例：滚动轴承 30211　GB/T 297—1994

e	$A/R \leqslant e$	$A/R > e$
	见本表	
X	1	0.4
Y	0	见本表
X_0	1	0.5
Y_0	0	见本表

当 $P_0 < R$ 时，取 $P_0 = R$

轴承代号	尺寸/mm									安装尺寸/mm								基本额定负荷/kN		极限转速/(r·min⁻¹)		计算系数		
	d	D	T	B	C	$a \approx$	r(最小)	r_1(最小)	r_2(最小)	d_a(最小)	d_b(最大)	D_a(最大)	D_b(最大)	a_1(最小)	a_2(最小)	r_a(最大)	r_{1a}(最大)	C_r(动)	C_{or}(静)	脂润滑	油润滑	e	Y	Y_0
													02 尺寸系列											
30204	20	47	15.25	14	12	11.2	1	1	0.5	26	27	41	43	2	3.5	1	1	28.2	30.6	8 000	10 000	0.35	1.7	1
30205	25	52	16.25	15	13	12.6	1	1	0.5	31	31	46	48	2	3.5	1	1	32.2	37	7 000	9 000	0.37	1.6	0.9
30206	30	62	17.25	16	14	13.8	1	1	0.5	36	37	56	58	2	3.5	1	1	43.3	50.5	6 000	7 500	0.37	1.6	0.9
30207	35	72	18.25	17	15	15.3	1.5	1.5	0.8	42	44	65	67	3	3.5	1.5	1.5	54.2	63.5	5 300	6 700	0.37	1.6	0.9
30208	40	80	19.75	18	16	16.9	1.5	1.5	0.8	47	49	73	75	3	4	1.5	1.5	63.0	74.0	5 000	6 300	0.37	1.6	0.9
30209	45	85	20.75	19	16	18.6	1.5	1.5	0.8	52	53	78	80	3	5	1.5	1.5	67.9	83.6	4 500	5 600	0.4	1.5	0.8
30210	50	90	21.75	20	17	20	1.5	1.5	0.8	57	58	83	86	3	5	1.5	1.5	73.3	92.1	4 300	5 300	0.42	1.4	0.8
30211	55	100	22.75	21	18	21	2	1.5	0.8	64	64	91	95	4	5	1	1.5	90.8	114	3 800	4 800	0.4	1.5	0.8
30212	60	110	23.75	22	19	22.4	2	1.5	0.8	69	69	101	103	4	5	2	1.5	103	130	3 600	4 500	0.4	1.5	0.8
30213	65	120	24.75	23	20	24	2	1.5	0.8	74	77	111	114	4	5	2	1.5	121	153	3 200	4 000	0.4	1.5	0.8

续表 8.23

轴承代号	尺寸/mm									安装尺寸/mm								基本额定负荷/kN		极限转速/(r·min⁻¹)		计算系数		
	d	D	T	B	C	$a\approx$	r(最小)	r_1(最小)	r_2(最小)	d_a(最小)	d_b(最大)	D_a(最大)	D_b(最大)	a_1(最小)	a_2(最小)	r_a(最大)	r_{1a}(最大)	C_r(动)	C_{or}(静)	脂润滑	油润滑	e	Y	Y_0
03 尺寸系列																								
30304	20	52	16.25	15	13	11	1.5	1.5	0.8	27	28	45	48	3	3.5	1.5	1.5	33.1	33.2	7 500	9 500	0.3	2	1.1
30305	25	62	18.25	17	15	13	1.5	1.5	0.8	32	34	55	58	3	3.5	1.5	1.5	46.9	48.1	6 300	8 000	0.3	2	1.1
30306	30	72	20.75	19	16	15	1.5	1.5	0.8	37	40	65	66	3	5	1.5	1.5	59.0	63.1	5 600	7 000	0.31	1.9	1
30307	35	80	22.75	21	18	17	2	1.5	0.8	44	45	71	74	3	5	2	1.5	75.3	82.6	5 000	6 300	0.31	1.9	1
30308	40	90	25.25	23	20	19.5	2	1.5	0.8	49	52	81	84	3	5.5	2	1.5	90.9	108	4 500	5 600	0.35	1.7	1
30309	45	100	27.75	25	22	21.5	2	1.5	0.8	54	59	91	94	3	5.5	2	1.5	109	130	4 000	5 000	0.35	1.7	1
30310	50	110	29.25	27	23	23	2.5	2	1	60	65	100	103	4	6.5	2.1	2	130	157	3 800	4 800	0.35	1.7	1
30311	55	120	31.5	29	25	25	2.5	2	1	65	70	110	112	4	6.5	2.1	2	153	188	3 400	4 500	0.35	1.7	1
30312	60	130	33.5	31	26	26.5	3	2.5	1.2	72	76	118	121	5	7.5	2.5	2.1	171	210	3 200	4 000	0.35	1.7	1
30313	65	140	36	33	28	29	3	2.5	1.2	77	83	128	131	5	8	2.5	2.1	196	242	2 800	3 600	0.35	1.7	1
22 尺寸系列																								
32206	30	62	21.25	20	17	15.4	1	1	0.5	36	36	56	58	3	4.5	1	1	57.8	63.7	6 000	7 500	0.37	1.6	0.9
32207	35	72	24.25	23	19	17.6	1.5	1.5	0.8	42	42	65	68	3	5.5	1.5	1.5	70.6	89.5	5 300	6 700	0.37	1.6	0.9
32208	40	80	24.75	23	19	19	1.5	1.5	0.8	47	48	73	75	3	6	1.5	1.5	77.9	97.2	5 000	7 300	0.37	1.6	0.9
32209	45	85	24.75	23	19	20	1.5	1.5	0.8	52	53	78	81	3	6	1.5	1.5	80.7	104	4 500	5 600	0.4	1.5	0.8
32210	50	90	24.75	23	19	21	1.5	1.5	0.8	57	57	83	86	3	6	1.5	1.5	82.8	108	4 300	5 300	0.42	1.4	0.8
32211	55	100	26.75	25	21	22.5	2	1.5	0.8	64	62	91	96	4	6	2	1.5	108	142	3 800	4 800	0.4	1.5	0.8
32212	60	110	29.75	28	24	24.9	2	1.5	0.8	69	68	101	105	4	6	2	1.5	133	180	3 600	4 500	0.4	1.5	0.8
32213	65	120	32.75	31	27	27.2	2	1.5	0.8	74	75	111	115	4	6	2	1.5	161	222	3 200	4 000	0.4	1.5	0.8

续表 8.23

23 尺寸系列

轴承代号	尺寸/mm									安装尺寸/mm								基本额定负荷/kN		极限转速/(r·min⁻¹)		计算系数		
	d	D	T	B	C	a≈	r(最小)	r_1(最小)	r_2(最小)	d_a(最小)	d_b(最大)	D_a(最大)	D_b(最小)	a_1(最小)	a_2(最小)	r_a(最大)	r_{1a}(最大)	C_r(动)	C_{or}(静)	脂润滑	油润滑	e	Y	Y_0
32304	20	52	22.25	21	18	13.4	1.5	1.5	0.8	27	28	45	48	3	4.5	1.5	1.5	42.7	46.3	7 500	9 500	0.3	2	1
32305	25	62	25.25	24	20	15.5	1.5	1.5	0.8	32	32	55	58	3	5.5	1.5	1.5	61.6	68.8	6 300	8 000	0.3	2	1.1
32306	30	72	23.75	27	23	18.8	1.5	1.5	0.8	37	38	65	66	4	6	1.5	1.5	81.6	96.4	5 600	7 000	0.31	1.9	1
32307	35	80	32.75	31	25	20.5	2	1.5	0.8	44	43	71	74	4	8	2	1.5	99.0	118	5 000	6 300	0.31	1.9	1
32308	40	90	35.25	33	27	23.4	2	1.5	0.8	49	49	81	83	4	8.5	2	1.5	115.7	148	4 500	5 600	0.35	1.7	1
32309	45	100	38.25	36	30	25.6	2	1.5	0.8	54	56	91	93	4	8.5	2	1.5	145	189	4 000	5 000	0.35	1.7	1
32310	50	110	42.25	40	33	28	2.5	2	1	60	61	100	102	5	9.5	2.1	2	178	236	3 800	4 800	0.35	1.7	1
32311	55	120	45.5	43	35	30.6	2.5	2	1	65	66	110	111	5	10.5	2.1	2	203	271	3 400	4 300	0.35	1.7	1
32312	60	130	48.5	46	37	32	3	2.5	1.2	72	72	118	122	6	11.5	2.5	2.1	227	303	3 200	4 000	0.35	1.7	1
32313	65	140	51	48	39	34	3	2.5	1.2	77	79	128	131	6	12	2.5	2.1	260	350	2 800	3 600	0.35	1.7	1

表 8.24　角接触轴承的轴向游隙

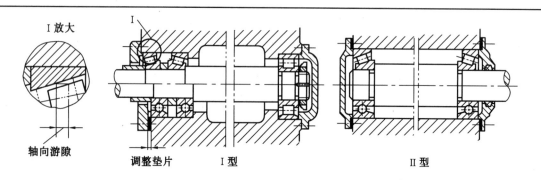

轴承公称	允 许 轴 向 游 隙 的 范 围 /μm						Ⅱ型轴承间
内径 d/mm	接触角 α = 15°				α = 25° 及 α = 40°		允许的距离
	Ⅰ 型		Ⅱ 型		Ⅰ 型		（大概值）
大于	至	最小	最大	最小	最大	最小	最大
≤ 30		20	40	30	50	10	20	8d
30	50	30	50	40	70	15	30	7d
50	80	40	70	50	100	20	40	6d
80	120	50	100	60	150	30	50	5d

圆锥滚子轴承轴向游隙

轴承公称	允 许 轴 向 游 隙 的 范 围 /μm						Ⅱ型轴承间
内径 d/mm	接触角 α = 10° ~ 16°				α = 25° ~ 29°		允许的距离
	Ⅰ 型		Ⅱ 型		Ⅰ 型		（大概值）
大于	至	最小	最大	最小	最大	最小	最大
≤ 30		20	40	40	70	—	—	14d
30	50	40	70	50	100	20	40	12d
50	80	50	100	80	150	30	50	11d
80	120	80	150	120	200	40	70	10d

表 8.25 毡圈油封及槽尺寸（FZ/T 92010—1991） mm

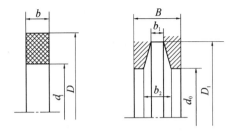

标记示例：

$d = 28$ mm 毡圈封油

毡圈 28 FZ/T 92010—1991

轴 径	毡 圈			沟 槽						毡圈结合处接头线的倾斜尺寸	
								B_{min}			
d	d_1	D	b	D_1	d_0	b_1	b_2	用于钢	用于铸铁	d	c
16	15	26		27	17					≥ 15 ～ 20	17
18	17	28	3.5	29	19	3	4.3				
20	19	30		31	21			10	12		
22	21	32		33	23					≥ 20 ～ 45	21
25	24	37		38	26						
28	27	40		41	29						
30	29	42		43	31					≥ 45 ～ 65	27
32	31	44		45	33						
35	34	47	5	48	36	4	5.5				
38	37	50		51	39					≥ 65 ～ 85	32
40	39	52		53	41						
42	41	54		55	43					≥ 85 ～ 95	36
45	44	57		58	46						
48	47	60		61	49			12	15	≥ 95 ～ 120	40
50	49	66		67	51						
55	54	71		72	56	5	7.1				
60	59	76		77	61					≥ 120 ～ 135	58
65	64	81	7	82	66						
70	69	88		89	71					≥ 135 ～ 240	60
75	74	93		94	76	6	8.3				
80	79	98		99	81						

表8.26　内包骨架旋转轴唇形密封圈(GB/T 13871.1—2022)　　　　　mm

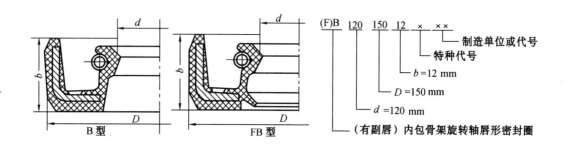

d 轴基本尺寸	D 基本外径			D 极限偏差	b 基本宽度及极限偏差	d 轴基本尺寸	D 基本外径			D 极限偏差	b 基本宽度及极限偏差
10	22	25		+0.30 +0.15	7 ±0.3	38	55	58	62	+0.35 +0.20	8 ±0.3
12	24	25	30			40	55	(60)	62		
15	26	30	35			42	55	62	(65)		
16	(28)	30	(35)			45	62	65	70		
18	38	35	(40)			50	68	(70)	72		
20	35	40	(45)			52	72	75	78		
22	35	40	47			55	72	(75)	80		
25	40	47	52*			60	80	85	(90)		10 ±0.3
28	40	47	52		8 ±0.3	65	85	90	(95)		
30	42	47	(50)	52*		70	90	95	(100)		
32	45	47	52*			75	95	100			
35	50	52*	55*			80	100	(105)	110		

续表 8.26

内包骨架旋转轴唇形密封圈槽的尺寸及安装示例

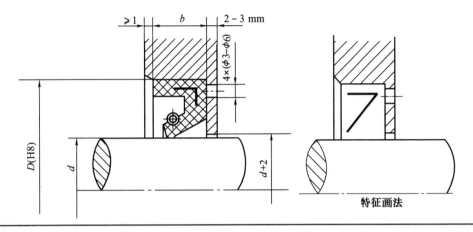

注:有"＊"号的基本外径的极限偏差为 $^{+0.35}_{+0.20}$。

参 考 文 献

［1］王黎钦,陈铁鸣.机械设计［M］.6 版.哈尔滨:哈尔滨工业大学出版社,2015.

［2］王连明,宋宝玉.机械设计课程设计［M］.哈尔滨:哈尔滨工业大学出版社, 2005.

［3］敖宏瑞,丁刚,闫辉.机械设计基础［M］.6 版.哈尔滨:哈尔滨工业大学出版社,2022.

［4］张锋,宋宝玉.机械设计大作业指导书［M］.北京:高等教育出版社,2009.

［5］陈铁鸣.新编机械设计课程设计图册［M］.北京:高等教育出版社,2003.

［6］宋金玉.机械设计课程设计指导书［M］.2 版.北京:高校教育出版社,2016.

策划编辑 王桂芝 黄菊英
责任编辑 张 荣
封面设计 王 萌

JIXIE SHEJI JICHU SHEJI SHIJIAN ZHIDAO

ISBN 978-7-5767-1293-3

定价 38.00 元

"十四五"时期国家重点出版物出版专项规划项目

先进制造理论研究与工程技术系列

能量传递型超宽带近红外石榴石发光材料

杨扬 贺帅 管倩 著

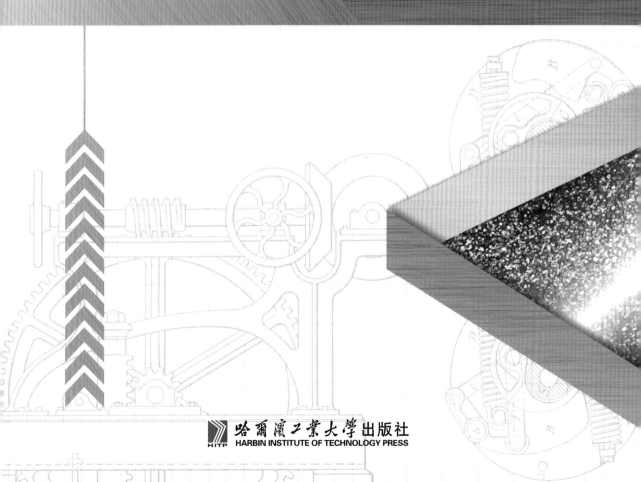

哈尔滨工业大学出版社

HARBIN INSTITUTE OF TECHNOLOGY PRESS